U0966058

高等学校专业教材

化学实验室设计与安全

廖 望 编著

中国轻工业出版社

图书在版编目（CIP）数据

化学实验室设计与安全/廖望编著. --北京：中国轻工业出版社，2024. 9. --ISBN 978-7-5184-5105-0

Ⅰ. O6-37

中国国家版本馆 CIP 数据核字第 2024ZX4804 号

责任编辑：杜宇芳　　责任终审：劳国强
文字编辑：武代群　　责任校对：晋　洁　　封面设计：锋尚设计
策划编辑：杜宇芳　　版式设计：致诚图文　　责任监印：张　可

出版发行：中国轻工业出版社（北京鲁谷东街 5 号，邮编：100040）
印　　刷：三河市万龙印装有限公司
经　　销：各地新华书店
版　　次：2024 年 9 月第 1 版第 1 次印刷
开　　本：787×1092　1/16　印张：9. 5
字　　数：243 千字
书　　号：ISBN 978-7-5184-5105-0　定价：45. 00 元
邮购电话：010-85119873
发行电话：010-85119832　010-85119912
网　　址：http://www. chlip. com. cn
Email：club@ chlip. com. cn

232257J1X101ZBW

前　　言

在科学研究的舞台上，化学实验室是一个创造奇迹与迎接挑战的地方。它不仅是化学家们探索物质奥秘、创造新物质的阵地，也是培养严谨科学态度和实验技能的摇篮。在化学实验室中，实验操作人员是当之无愧的主角，他们用天马行空的想象力、汹涌澎湃的创造力改变着这个蓝色星球上的物质组成。然而，与化学实验相伴共生的，是活性物质对操作者的潜在风险，失去了以人身安全为前提的化学实验，一切沦为空谈。本书的编撰，正是为了在新时代，尝试对这一永恒挑战提供新解。

以蒸汽机的诞生、电力的广泛应用和电子计算机的普及为标志，人类经历了三次科技创新浪潮。如今，以人工智能技术的发展与应用为代表，第四次科技革命浪潮席卷全球。基于新时代的变革性科技，本书从实验室“硬件”环境的更新和设计出发，为化学实验室的设计者、管理者以及使用者提供一套全面、实用的设计理念，系统提升实验室的安全水平和管理水平，让更智能、更安全的工作环境，推动更具活力、更高效的实验室活动。本书为每一位在化学实验中开展工作的研究人员、实验室管理者以及相关学科的学生提供必要参考。

本书从实验室规划的基础知识出发，详细论述了实验室布局、通风系统、安全设备等方面的设计原则。同时，书中还提供了化学品管理、应急预案制定、事故预防与处理等安全管理的细则。相信，无论是化学实验的初学者还是经验丰富的专业人士，都能从本书中收获知识和启示。

本书将环境保护的重要理念贯穿其中。相关章节提出的环保建议和措施，旨在帮助读者在实验室设计和工作中实现绿色、环保、可持续发展。此外，本书强调了实用性和可操作性，力求让读者能将书中的知识快速转化为可实际运用的方案。此外，本书还收集了一些真实案例，通过分析这些案例，读者可以更直观地理解实验室设计与安全的方式方法和重要性，并从中吸取经验教训。

本书由西华大学廖望副教授编著，其中 4.5 节加工成型室由上海新硕精密机械有限公司陶建华工程师编撰，附录中所示范的实验室管理规章由西华大学化学实验中心提供。

我们真诚希望本书能够成为一本系统提升实验室安全，同时又能激发创造性思考、促进新时代实验室建设的参考书。

廖望

2024 年 5 月 30 日

于西华园黄金阁

目　录

1 未来实验室

进入二十一世纪第二个十年以来，科学技术在数字化、信息化浪潮下高速发展。如今，又迎来了智能化新浪潮。化学是物质科学的核心学科，它承载着改造已知物质、创造未知物质的重大使命。化学学科的绝大部分创新活动，必须在实验室中展开，使得化学实验室承载了科研人才培养和科研项目攻关两项重大任务。

随着高等院校和研究机构的发展，化学实验室的规模也逐渐壮大，进入实验室的人数随之增多，实验室的教学、科研工作量也在增加。面对新情况，传统的实验室设计方式和管理模式已面临迫切需要系统反思和重构的问题。根据发展趋势预测，面向未来的实验室应是一个信息技术融入基础设施，物联网、大数据以及人工智能等新技术得到广泛应用，让信息、知识和学科能够有效汇聚和交叉的创新中心。本章探讨了过去鲜有论述的新兴技术成为化学实验室所在大楼基础设施的可能性和存在方式。

1.1 物联网参与的实验环境

1.1.1 物联网简介

物联网（Internet of Things，IoT）是指通过互联网将各种物理设备（传感器、执行器、嵌入式系统等）连接起来，使它们能够相互通信、收集和交换数据。物联网的目标是通过实时监测、远程控制和数据分析来实现设备之间的智能化互动，以提高效率、降低成本，同时为用户提供更便捷、智能的服务和体验。

物联网的核心思想是让日常生活中的各种物体都能够通过互联网进行连接和通信，从而形成一个智能化的网络。这些物体可以包括家用电器、工业设备、交通工具、健康监测设备等。通过物联网，这些设备可以实现实时数据的传输、互相协作，使得人们能够更加智能地管理和控制这些设备，提高生活和工作的效率。

物联网技术通常包括传感器、嵌入式系统、通信技术、云计算和数据分析等多个领域技术的综合应用。这使得物联网在各行各业都有广泛的应用，包括智能家居、智能城市、智能工厂、智能医疗等领域。

1.1.2 物联网在现代生活中的运用

物联网的出现对现代生活产生了深远的影响，应该说它已经改变了人们的生活方式、工作方式和社会互动方式。物联网融入现代生活的典型场景如图 1-1 所示：

（1）智能家居。物联网技术使得家居设备能够互相连接，通过智能手机或语音助手进行远程控制。人们可以通过智能家居系统控制照明、暖通空调、安全摄像头、智能门锁等设备，提高家居安全性和舒适度。

（2）健康监测。物联网设备可以用于监测个人健康状况。智能手表、健康追踪器和

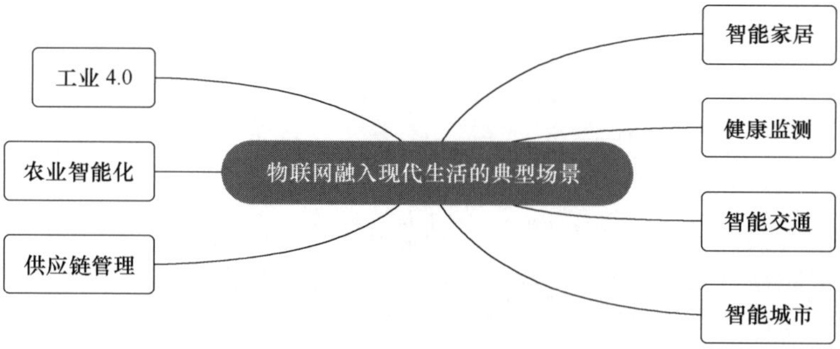

图 1-1　物联网融入现代生活的典型场景

其他医疗设备可以实时收集健康数据，帮助人们更好地管理健康状况，提供及时的医疗建议。

（3）智能交通。物联网在交通领域的应用使得交通管理更加智能化。智能交通灯、智能车辆和交通监控系统可以协同工作，优化交通流量，减少交通拥堵。

（4）智能城市。物联网为城市提供了智能化解决方案，包括智能能源管理、智能垃圾处理、智能灯光系统等。这些技术的应用使得城市更加高效、环保和宜居。

（5）工业 4.0。物联网在工业领域的应用被称为工业 4.0，通过连接设备和系统，实现生产过程的数字化、自动化和智能化。这有助于提高生产效率、降低成本，并支持定制化生产。

（6）农业智能化。农业领域利用物联网技术实现智能化管理，包括精准农业、智能灌溉系统、智能农业机械等，提高农业生产效率和可持续性。

（7）供应链管理。物联网可以实现物流和供应链的实时监测和管理，提高物流效率，减少库存成本，优化供应链的运作。

物联网的发展使得其应用的行业都能够更好地利用数据，实现更高效、智能、可持续的运作方式，从而深刻地改变了人们的生活方式和社会运作模式。

1.1.3　物联网+化学实验室

传统化学实验室在设计和建设时，并未广泛考虑物联网作为基础设施。基于物联网在现代生活中的实施运用经验，它在化学实验室的科学高效管理方面将具有广泛应用前景。将物联网应用于化学实验室的整体规划和建设，将有效提升实验室的安全和整体管理水平。在实验室设计之始，就应考虑以下应用场景（图 1-2）：

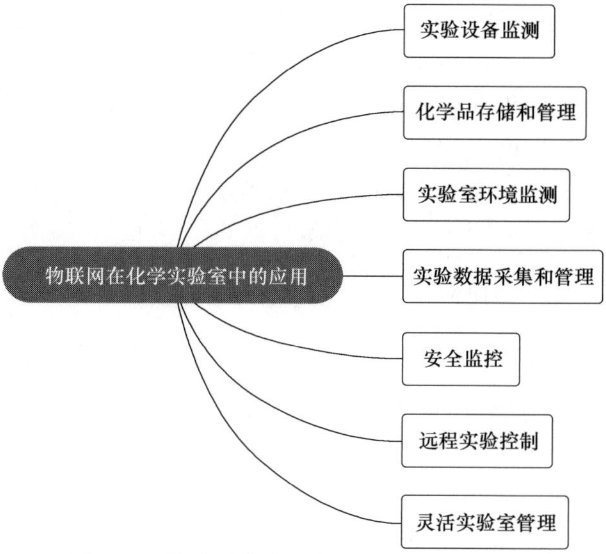

图 1-2　物联网在化学实验室中的应用场景

（1）实验设备监测。通过在实验设备上或附近使用传感器，实时监测设备的运行状态、温度、湿度等参数，有助于提前发现设备故障、预防事故，并优化设备的维护计划。

（2）化学品存储和管理。利用物联网技术，可以建立智能化的化学品库存管理系统。通过射频识别或其他传感技术，可以实时跟踪化学品的存储位置、数量、过期日期等信息，确保化学品的安全使用和管理。

通过物联网技术，可以实现有毒有害、危险化学品的有效集中管理，以及常用药品、溶剂等的分布式管理。

将物联网技术应用于化学药品的管理，在本书第三章相应部分将更详细地阐述。

（3）实验室环境监测。部署传感器监测实验室的环境条件，包括温度、湿度、气体浓度等。这有助于确保实验室环境符合安全标准，为安全舒适的实验条件提供数据基础。

（4）实验数据采集和管理。对于含中试及以上生产设备的实验环境，可以引入物联网用于实验数据（温度、湿度、压力、pH 等）的自动采集和管理。连接实验设备和数据存储系统，确保实验数据的实时传输、存储和备份，减少人工错误和提高数据的可靠性。

（5）安全监控。在实验室内安装智能监控摄像头和传感器，用于监测实验室的安全状态。这可以包括火灾检测、气体泄漏检测等，以及实验室人员的行为监测，提高实验室的安全性。

（6）远程实验控制。利用物联网技术，实验室管理员和研究人员可以实现远程监控甚至控制某些实验设备，正如下班回家前通过手机打开家中空调一样。这对于监控部分长时间的反应并保证反应安全，具有重要意义。对于灵活调度实验室资源、优化实验流程和支持远程合作也具有巨大价值。

（7）灵活实验室管理。物联网技术可以支持实验室资源的灵活管理，使实验室能够更有效地满足不同实验项目的需求，提高资源利用率。

通过整合上述物联网技术，化学实验室可以实现更加高效地运作，提高实验数据的质量和可靠性，降低实验室管理的成本，并更好地保障实验室的安全性。

1.2 大数据分析参与的实验环境

1.2.1 大数据分析简介

大数据分析是一种处理和分析大规模数据集的技术和方法。这些数据集通常包含各种来源、类型和格式的大量数据，包括结构化数据（数据库中的表格数据）、半结构化数据（XML 文件或 JSON 格式的数据）、以及非结构化数据（文本、图像、音频等）。大数据分析旨在从这些庞大而复杂的数据集中提取有意义的信息、模式、关联和趋势，以支持业务决策、科学研究和其他领域的应用。大数据分析的关键特点和步骤为以下几个方面（图 1-3）：

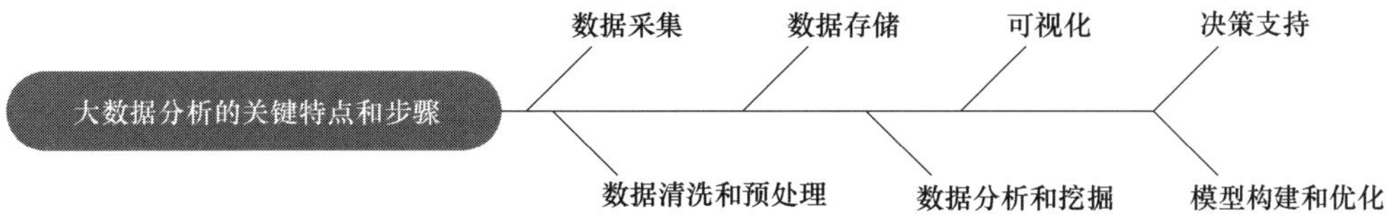

图 1-3 大数据分析的关键特点和步骤

(1) 数据采集。大数据分析的第一步是收集大量的各种来源的数据。这可能涉及设备传感器、房间环境监控、水电监控、实验大楼和各实验室的出入监控等多种数据源。

(2) 数据清洗和预处理。大数据通常包含噪声、缺失值和其他不规则之处。数据清洗和预处理阶段涉及清理数据、处理缺失值、去除异常值等，以确保数据的质量和一致性。

(3) 数据存储。由于大数据量的存储需求，通常需要使用分布式存储系统或大数据存储解决方案，如分布式文件系统 Hadoop Distributed File System (HDFS) 或云存储服务。

(4) 数据分析和挖掘。利用各种数据分析和挖掘技术，探索数据集中的模式、趋势和关联。这包括统计分析、机器学习、数据挖掘算法等。

(5) 可视化。通过数据可视化技术，将分析结果以图形、图表、地图等形式呈现，以便更容易理解和解释，同时帮助决策者做出更明智的决策。

(6) 模型构建和优化。对于某些应用，建立预测模型或机器学习模型是关键的一步。这些模型可以用于预测未来趋势、分类数据、聚类等。

(7) 决策支持。将分析结果应用于实际决策过程，帮助组织做出基于数据的决策。

1.2.2 大数据分析的应用场景

大数据分析对现代生活产生了深远的影响，改变了人们的生活方式、工作方式和社会互动方式。大数据分析在下列领域的应用已经改变了现代人的生活（图 1-4）：

(1) 智能城市和交通。大数据分析帮助城市管理者更好地理解城市运行情况，优化城市规划、交通流量和基础设施。实时的交通数据分析可以改善交通流畅性，减少拥堵。

(2) 个性化服务和推荐系统。大数据分析使得企业能够更好地了解个体消费者的喜好和行为，从而提供更个性化的产品和服务。推荐系统利用大数据分析帮助用户发现新的产品、音乐、电影等。

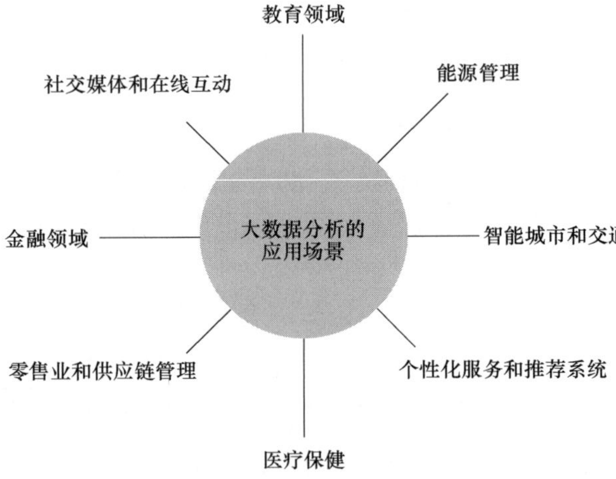

图 1-4 大数据分析的应用场景

(3) 医疗保健。大数据分析在医疗领域的应用有助于提高病患的治疗效果。通过分析大规模的医疗数据，可以提取有关疾病的治疗方案和患者群体的洞察，支持精准医学的发展。

(4) 零售业和供应链管理。大数据分析帮助零售商更好地了解消费者行为，进行库存管理和供应链优化。这有助于减少库存浪费、提高库存周转率，同时确保产品的及时供应。

(5) 金融领域。大数据分析在金融领域广泛应用于风险管理、反欺诈、客户服务等方面。通过分析大量的交易数据和用户行为，金融机构能够更好地监测和管理风险。

（6）社交媒体和在线互动。大数据分析推动了社交媒体平台的发展。通过分析用户在社交媒体上的行为，平台能够更好地理解用户需求，改进算法，提供更相关的内容。

（7）教育领域。大数据分析有助于个性化教育和学习路径的制定。学校和教育机构可以通过分析学生的学习数据，提供更适应个体差异的教育方案。

（8）能源管理。大数据分析可以帮助实现智能能源管理，监测能源消耗情况，提高能源利用效率，减少浪费。

时至今日，大数据分析已为多个领域提供了更为深入的洞察和决策支持，使得生活更加智能、个性化，并推动了社会的创新和进步。当然，随之而来的是对数据隐私和数据安全的关注，人们需要在数据使用及其保护之间取得平衡。

1.2.3　大数据分析+化学实验室

全球有大量的化学实验室、科研机构和教学机构，每天会产生大量的实验结果和数据。但是，出于科技安全和知识产权等方面的考量，对实验数据、实验条件等进行大规模收集和分析并不具备可行性。然而，对于高等院校的教学场景，却有可能运用大数据采集和分析来发现实验设计中的共性问题和安全隐患等，可谓大有用武之地。最理想的模式是建立全国性教学实验室数据网络，对实验室运行中产生的数据进行收集分析，形成源于大数据基础的实验室安全规划和改进学生培养方案。

对于科研型化学实验室，则可根据具体情况独立设计数据采集和分析系统，经过若干年的积累，也可以形成科研团队的数据库。这将使研究团队在若干年的积累后形成所在领域的比较优势。大数据采集和分析对科研型实验室的帮助可涉及以下方面（图 1-5）：

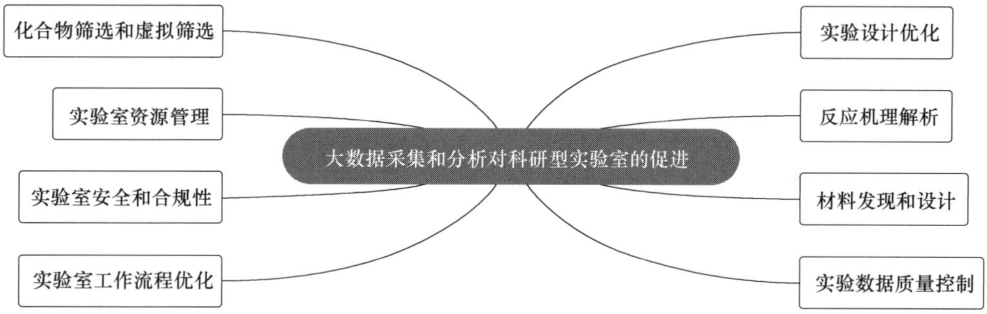

图 1-5　大数据采集和分析对科研型实验室的促进

（1）实验设计优化。大数据分析可以帮助研究人员更好地设计实验，通过分析之前的实验数据、文献信息和相关参数，预测最有可能取得成功的实验条件，从而提高实验效率。

（2）反应机理解析。通过对大量的反应数据进行分析，大数据技术能够启发研究人员发现未曾关联过的信息，挖掘潜在的关联和规律，有助于设计更高效、更可控的化学反应。

（3）材料发现和设计。大数据分析在材料科学领域有望帮助研究人员更快速地发现新材料，并优化已知材料的性能。通过分析材料数据库和实验数据，可以预测材料的性质，从而加速材料设计进程。

(4) 实验数据质量控制。大数据分析可以用于实验数据的质量控制，帮助识别异常值、错误数据或实验中可能存在的问题，确保实验数据的准确性和可靠性。

(5) 化合物筛选和虚拟筛选。大数据分析可以用于化合物的筛选，通过分析大规模的分子数据库和生物活性数据，预测潜在的候选化合物，缩短新物质、新材料发现的时间。

(6) 实验室资源管理。大数据分析有助于优化实验室资源的使用，通过分析设备利用率、实验室工作流程等信息，提高实验室的使用效率，降低实验室运转中的消耗。

(7) 实验室安全和合规性。大数据分析可用于监测实验室内的安全状况，通过分析实验室设备的运行状态、化学品使用记录等，提高实验室的安全性和合规性。

(8) 实验室工作流程优化。大数据分析可以分析实验室的工作流程，识别潜在的瓶颈和优化点，以提高实验室的整体效率。

大数据分析有望使化学实验室变得更加智能、高效，促进科学研究的进步。当然，数据隐私和安全也需同时得到重视，以确保数据使用符合伦理和法规要求。

1.3 人工智能参与的实验环境

1.3.1 人工智能简介

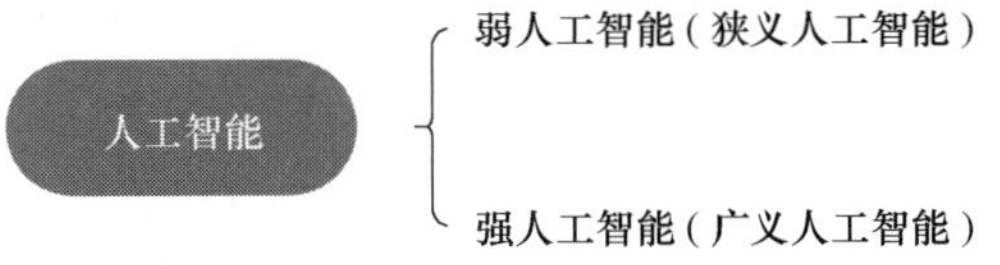

图 1-6 人工智能的分类

人工智能（Artificial Intelligence，AI）是一门研究如何使计算机具有智能行为的科学与工程领域。人工智能的目标是使机器能够执行一些通常需要人类智能的任务，如学习、理解语言、感知环境、推理、规划和解决问题等。人工智能系统通过模仿、拟合或超越人类的智能水平来完成这些任务。人工智能通常被分为弱人工智能（Narrow AI）和强人工智能（Strong AI）两类（图 1-6）：

(1) 弱人工智能（狭义人工智能）。弱人工智能是指专注于解决特定问题或执行特定任务的人工智能系统。这类系统在特定领域内表现出色，但在其他领域可能无法适应。例如，语音助手、图像识别系统和推荐算法都属于弱人工智能。

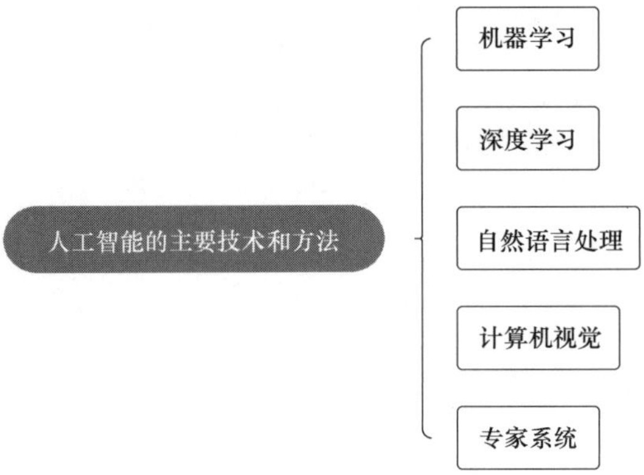

图 1-7 人工智能的主要技术和方法

(2) 强人工智能（广义人工智能）。强人工智能是指具有与人类相似的综合智能，能够理解、学习、适应各种任务，并具有超越人类的智能水平。强人工智能是人工智能的理想目标，但尚未实现。

人工智能的主要技术和方法主要包括以下几个方面（图 1-7）：

(1) 机器学习（Machine Learning，ML）。机器学习是一种让计算机从经验中学习的技术，使其能够不断优化和改进执行任务的性能，而无需显式地编程。监督学习、无监督学习和强化学习是机器学习的主要范畴。

（2）深度学习（Deep Learning，DL）。深度学习是机器学习的一种特殊形式，通过神经网络模拟人脑的结构，用于处理大规模和复杂的数据。深度学习在图像识别、语音识别和自然语言处理等领域取得了显著的成就。

（3）自然语言处理（Natural Language Processing，NLP）。NLP 致力于使计算机能够理解、解释和生成自然语言。它包括语音识别、语义理解、文本生成等任务。

（4）计算机视觉（Computer Vision）。计算机视觉关注使计算机能够理解和解释视觉信息，包括图像和视频。图像识别、目标检测和人脸识别是计算机视觉的典型应用。

（5）专家系统。专家系统是一种使用规则和知识库进行推理和问题解决的人工智能系统。它模仿领域专家的知识和决策过程。

1.3.2　人工智能在现代生活中的运用

人工智能已经开始深入于医疗诊断、金融预测、自动驾驶、智能家居、虚拟助手等领域。为人们提供了更智能、高效、便捷的服务。举例来说，人工智能的运用场景有（图 1-8）：

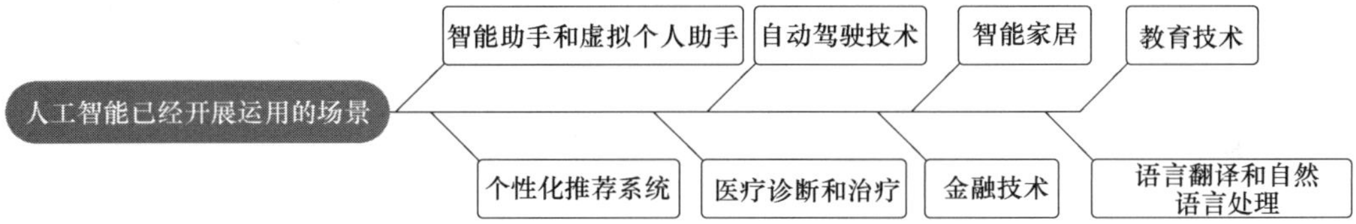

图 1-8　人工智能已经开展运用的场景

（1）智能助手和虚拟个人助手。语音助手如 Siri 和 Alexa 等利用人工智能技术，使用户能够通过语音指令执行任务、获取信息、控制智能家居等，提供更便捷的用户体验。

（2）个性化推荐系统。人工智能应用于推荐系统，根据用户的历史行为、兴趣和偏好，为用户推荐个性化的商品、新闻、音乐、电影等，提高了内容的相关性和用户满意度。

（3）自动驾驶技术。人工智能在汽车领域的应用使得自动驾驶技术成为可能。自动驾驶汽车利用感知技术、机器学习和实时决策系统，提高了交通安全性，并提供了更舒适的交通出行方式。

（4）医疗诊断和治疗。人工智能在医学领域的应用使得医疗诊断更加精准和快速。机器学习算法可以分析医学图像、病历数据，辅助医生进行诊断和制定治疗方案。

（5）智能家居。人工智能技术让家居设备能够互相通信和协同工作。智能家居系统可以通过学习用户的行为和偏好，自动调整照明、温度、安防等，提高家居生活的舒适性和便利性。

（6）金融技术。人工智能在金融领域的应用包括风险管理、反欺诈、智能投资等。机器学习算法可以分析大量的金融数据，提供更准确的风险评估和投资建议。

（7）教育技术。人工智能在教育领域的应用使得个性化教育成为可能。智能教育系统可以根据学生的学习风格和水平提供定制化的教学内容，提高学习效果。

（8）语言翻译和自然语言处理。人工智能技术在语言翻译和自然语言处理方面取得了显著进展，使得跨语言沟通更加便捷，并提供了强大的语言理解和生成能力。

人工智能的商业应用可以看成二十一世纪初的重大技术节点，随着该技术的发展，它将持续、深入地影响各个领域。随之而来的是伦理、隐私和安全等方面的挑战，这些问题在实验室的运用场景中也会出现，需要社会共同面对和解决。

1.3.3 人工智能+化学实验室

在不久的将来，人工智能有望落地生根于实验室中并发挥巨大的推动作用，其可能优化化学实验室的方向在于（图 1-9）：

（1）实验设计和优化。AI 可以分析大量的实验数据、文献信息和相关参数，以帮助科学家更好地设计和优化实验。通过机器学习算法，AI 可以推断出最有效的实验条件，加速研究过程。

（2）化学反应机理解析。AI 技术有助于分析化学反应的机理，通过处理大量的实验数据和文献资料的训练，模型可以推断出反应中的关键步骤和中间体，为合成化学提供快速、准确和深入的分析资料。

（3）材料设计与发现。AI 在材料科学中的应用有助于加速新材料的设计与发现。通过分析大量的材料数据和性能信息，人工智能可以预测新材料的性质，推动材料科学的创新。

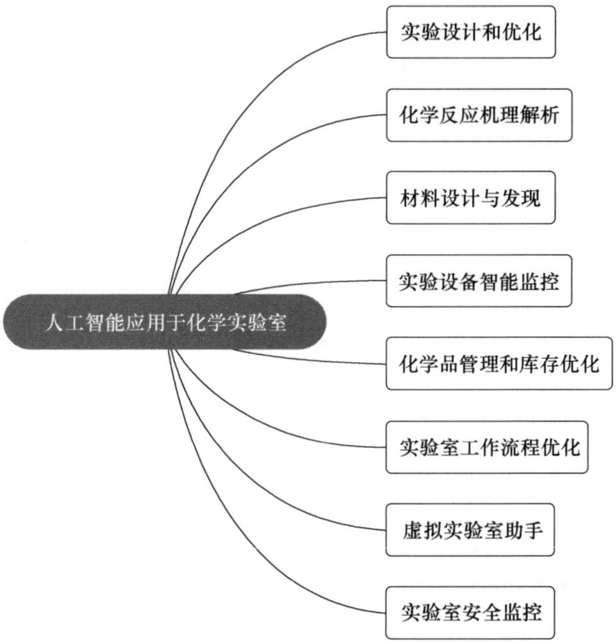

图 1-9　人工智能运用于化学实验室

（4）实验设备智能监控。在实验室设备上安装传感器并结合 AI，可以实现对实验设备的智能监控。这包括设备状态的实时监测、故障的预测和预防性维护，提高设备的可靠性和使用效率。

（5）化学品管理和库存优化。人工智能可以用于化学品的库存管理，通过分析化学品的使用记录、库存变化等信息，优化化学品的采购和管理，防止过期和浪费。

（6）实验室工作流程优化。人工智能可以帮助优化实验室的工作流程，通过分析实验室中的数据流、任务分配等信息，提高整体实验室的效率。

（7）虚拟实验室助手。开发基于人工智能的虚拟实验室助手，可以回答研究人员的问题，提供实验建议，甚至协助在实验室中执行某些任务，提高实验室的自动化程度。

（8）实验室安全监控。人工智能可以用于监测实验室的安全状况，通过分析实验室设备的运行状态、化学品使用记录等，提高实验室的安全性。

1.4 区块链参与的实验环境

1.4.1 区块链简介

区块链是一种分布式数据库技术，其基本思想是将数据分布式存储在多个计算机节点上，并通过密码学方法确保数据的安全性和完整性。区块链在最初是作为比特币的底层技术而被引入，如今已经发展成为一种可以支持多种应用的通用技术。区块链技术的关键概念包括以下 6 个方面（图 1-10）：

（1）区块（Block）。区块是数据的存储单元，每个区块包含了一定数量的交易数据以及与前一个区块相关的信息（如前一区块的哈希值），形成了一个链式结构。

（2）链（Chain）。区块链是由一系列区块按照时间顺序连接而成的。这种链接方式使得一旦一个区块被添加到链上，它就很难被篡改，因为修改一个区块会影响到所有后续的区块。

（3）分布式网络。区块链不依赖于中心化的管理机构，而是通过网络中的多个节点共同维护。每个节点都有一个完整的副本，这种分布式结构增加了系统的安全性和可靠性。

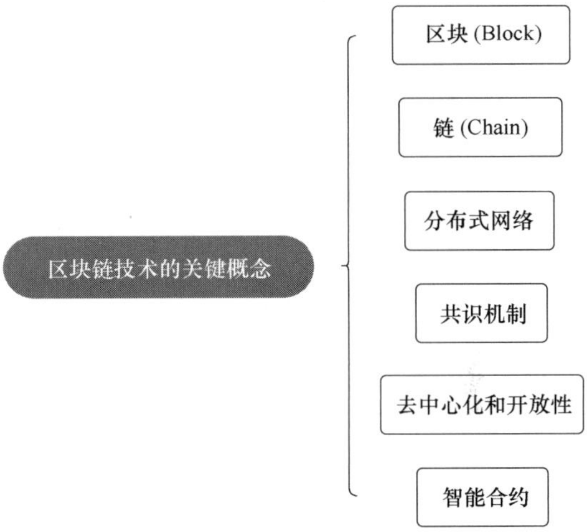

图 1-10 区块链技术的关键概念

（4）共识机制。为了确保在分布式网络中达成一致，区块链使用共识机制，即一组规则，用于确定哪个节点有权添加新的区块。常见的共识算法包括工作量证明（Proof of Work）和权益证明（Proof of Stake）等。

（5）去中心化和开放性。区块链技术支持去中心化的应用，无需中介方，用户可以直接进行交易。这种开放性和去中心化的特性使得区块链在金融、供应链、投票系统等多个领域都能得到应用。

（6）智能合约。区块链上的智能合约是一种自动执行的合约，其中包含了特定条件的代码。这些合约通过区块链网络的节点执行，无需中介，确保了合约的可靠执行。

区块链技术提供了一种安全、透明、不可篡改的数据存储和传输方式，可以用于构建去中心化的应用，减少信任成本，提高数据的安全性和可追溯性。

1.4.2 区块链的应用场景

区块链技术首先在数字货币方面实现应用，在其他的应用领域则仍在不断地探索和发展，目前已经出现的应用场景有（图 1-11）：

（1）数字货币和支付。区块链的最早应用是作为比特币的底层技术，现在各种数字

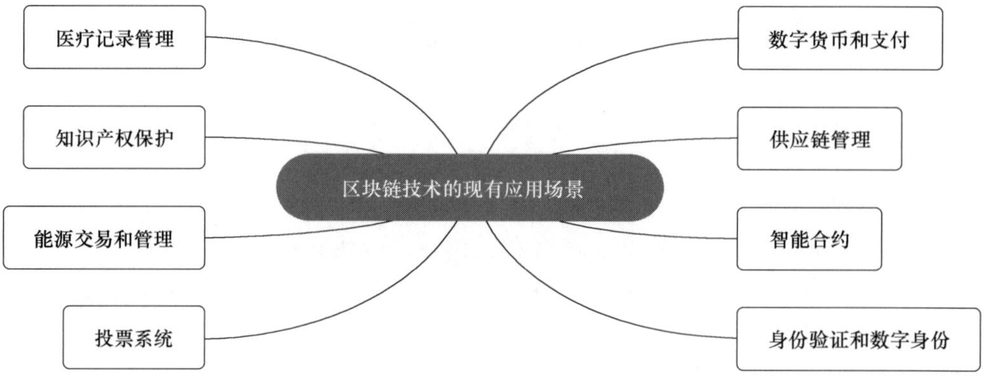

图 1-11　区块链技术的现有应用场景

货币（以太坊、莱特币等）都在区块链上运行。这使得去中心化的数字支付成为可能，提供了更安全和高效的交易方式。

（2）供应链管理。区块链可以用于提高供应链的透明度和可追溯性。通过将产品信息、生产流程和物流数据记录在区块链上，可以减少伪劣商品、提高产品质量，同时提升消费者对产品来源的信任。

（3）智能合约。区块链上的智能合约是自动执行的合同，无需中介方介入。这可应用于各种自动化业务流程，如保险理赔、房地产交易等，提高效率并减少纠纷。

（4）身份验证和数字身份。区块链可以提供安全的身份验证机制，帮助个人更好地控制和管理自己的数字身份。这有助于减少身份盗窃和数字欺诈的风险。

（5）医疗记录管理。将患者的医疗记录存储在区块链上可以提高数据的安全性和可访问性。患者可以更方便地分享医疗历史，医生可以更准确地获取患者信息，同时确保隐私和合规性。

（6）知识产权保护。用于保护知识产权，如艺术品、音乐和文学作品的版权。通过在区块链上注册作品的信息，可以确保创作者的权益，并提供可追溯的知识产权证明。

（7）能源交易和管理。区块链可用于监控和管理能源生产和分配。智能合约可以自动执行能源交易，确保能源供应链的透明性和效率。

（8）投票系统。区块链可以提供安全、透明、防篡改的投票系统，用于选举和决策，减少投票欺诈和操纵的可能性。

1.4.3　区块链技术+化学实验室

将区块链技术应用于化学实验室有望提供以下新功能、新方向（图 1-12）：

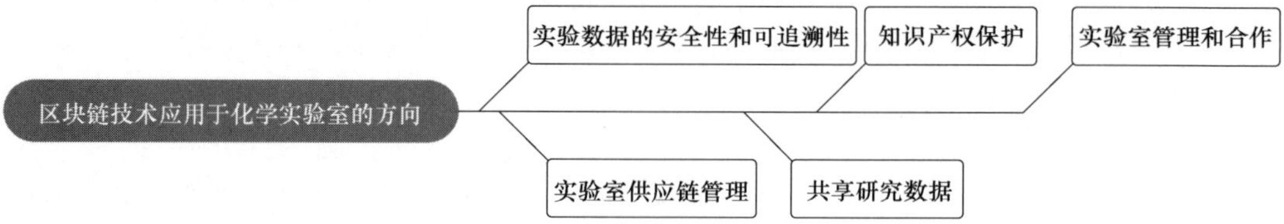

图 1-12　区块链技术应用于化学实验室

（1）实验数据的安全性和可追溯性。区块链可以用于确保实验数据的安全存储和不可篡改性。每个实验的结果可以记录在区块链上，防止数据被篡改，提高数据的可信度。此外，由于区块链是不可逆的，一旦数据被记录，就可以追溯到其源头。

（2）实验室供应链管理。区块链可以用于追踪实验室试剂、设备和其他物资的供应链。通过在区块链上记录物资的采购、运输和存储信息，可以实现供应链的透明度和可追溯性，确保实验室使用的物资的质量和来源可信。

（3）知识产权保护。在科学研究领域，知识产权的保护至关重要。区块链可以用于记录实验室的研究成果和发现，以证明知识的创造者和创造时间。这有助于防止知识产权的侵权和争议。

（4）共享研究数据。区块链可以促进研究数据的安全共享。科研人员可以通过区块链平台安全地分享他们的实验数据，确保数据的来源和真实性，同时确保数据的安全性和隐私。

（5）实验室管理和合作。区块链技术可以用于实验室管理，例如记录设备维护情况、实验室预订、人员权限等。此外，如果有多个实验室或研究机构合作，区块链可以提供一个共享的可信平台，以确保合作数据的完整性和透明性。

基于上述应用场景，区块链技术可为化学实验室提供更安全、透明、高效的数据管理和合作平台，有助于提高实验室运作的效率和可信度。

1.5　智能机器人参与的实验环境

1.5.1　智能机器人简介

智能机器人是具有一定程度的人工智能和自主能力的机械设备。这些机器人通常能够感知环境、做出决策并执行任务，而无须人类直接控制。智能机器人结合了传感器、计算、学习和执行机构等技术，使它们能够适应不同的环境，并执行各种任务。智能机器人的应用领域非常广泛，包括但不限于工业自动化、医疗服务、军事应用、清扫、教育、娱乐等。它们的发展和应用正在不断推动技术的进步，为社会带来更多的便利和创新。智能机器人具有以下主要特征（图 1-13）：

（1）感知能力。智能机器人通常配备各种传感器，如摄像头、激光雷达、声音传感器等，以感知和理解周围环境的信息。

（2）决策能力。具备一定程度的决策能力，能够根据感知到的信息和预设的目标做出合理的决策。这可能包括路径规划、目标追踪等任务。

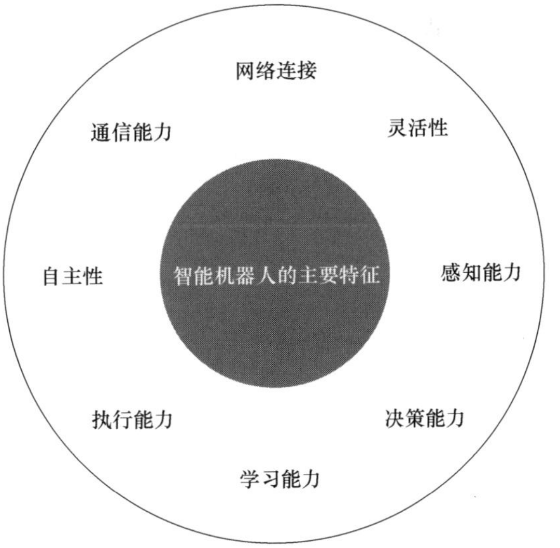

图 1-13　智能机器人的主要特征

（3）学习能力。智能机器人能够通过机器学习算法从经验中学习，逐渐改进其行为和执行任务的效率。

（4）执行能力。具备执行任务的机械结构和执行器，能够根据决策采取实际行动。这可能包括移动、抓取物体、进行工作等。

（5）自主性。智能机器人在执行任务时能够独立工作，不需要人类持续的直接干预。这意味着它们能够适应和处理未知的环境和任务。

（6）通信能力。智能机器人能够与其他机器人或人类进行通信和协作，以实现更复杂的任务。

（7）网络连接。连接到互联网或其他网络，以获取实时数据、升级软件、远程监控等。

（8）灵活性。具备灵活的机械结构和设计，以适应不同的任务和环境。

1.5.2 智能机器人的应用场景

智能机器人已经出现在多个现代生产生活场景中（图 1-14）：

（1）自动化生产和工业革命。智能机器人在工业和生产领域的广泛应用已经推动了自动化生产和工业革命。自动化流水线和机器人在制造业中的运用大大提高了生产效率，降低了成本，且可以进行精细的操作。

（2）医疗保健。在医疗领域，智能机器人用于手术、病房服务、康复和远程医疗等。机器人手术可以提供更加精确和微创的手术过程，减少患者的痛苦和康复时间。

（3）服务业和客户体验。智能机器人在餐饮、零售、酒店等服务行业的应用改善了客户体验。例如，自助点餐机、导购机器人、酒店服务机器人等提供了更便捷、高效的服务。

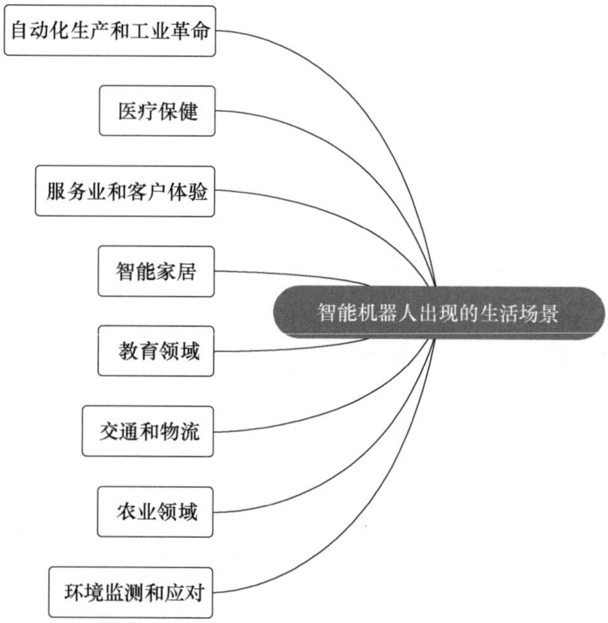

图 1-14　智能机器人出现的生活场景

（4）智能家居。智能机器人和智能设备的结合使得智能家居成为现实。智能扫地机器人、语音助手和智能家居系统使家庭变得更加智能、便捷和舒适。

（5）教育领域。在教育中，智能机器人被用于辅助教学、提供个性化教育服务，甚至参与语言学习和编程教育。

（6）交通和物流。智能机器人在交通和物流领域的应用改变了货运和物流的方式。自动驾驶汽车、无人机等技术提高了交通效率和物流运输的安全性。

（7）农业领域。农业机器人用于自动化农业生产，包括播种、收割、除草等任务。

这有助于提高农业生产效率，减少对农药和化肥的依赖。

（8）环境监测和应对。智能机器人在环境监测、灾害响应和清理工作中发挥了重要作用。无人机、水下机器人等可用于监测环境污染、进行灾后勘查和执行救援任务。

1.5.3 智能机器人+化学实验室

智能机器人应用于化学实验室的前景非常广泛（图1-15），可在多个方面推动化学研究和实验室工作的开展：

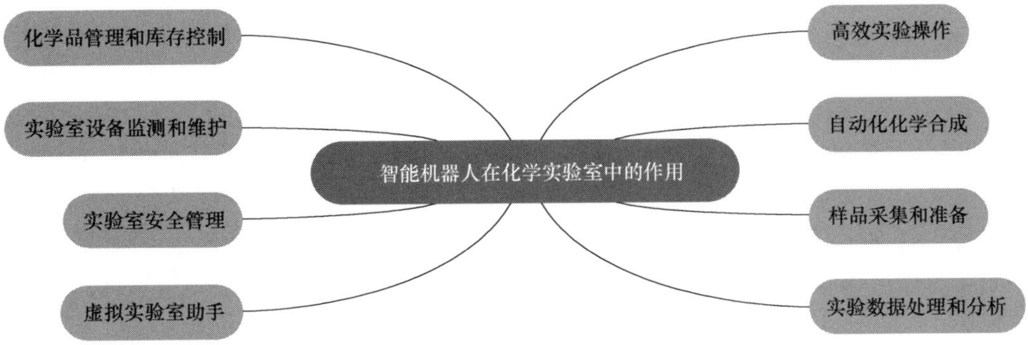

图1-15 智能机器人在化学实验室中的作用

（1）高效实验操作。智能机器人可以执行烦琐、危险或高度重复的实验操作，从而提高实验的效率和一致性。这包括样品处理、混合、测量和加热等任务。

（2）自动化化学合成。机器人可以用于自动执行化学合成实验，包括有机合成、催化反应等。通过精确控制反应条件和自动化处理，可以提高合成的可重复性和产率。

（3）样品采集和准备。智能机器人可以自动进行样品的采集、处理和准备。这对于高通量筛选、样品制备和分析等应用具有重要意义。

（4）实验数据处理和分析。机器人可以帮助处理和分析大量的实验数据。通过连接到数据库或云平台，可以进行实时的数据分析和生成可视化报告，加速科学发现的过程。

（5）化学品管理和库存控制。智能机器人可用于化学品库存的管理，监测库存水平，提醒采购，确保实验室中始终有足够的化学品供应，并减少过期化学品的浪费。

（6）实验室设备监测和维护。机器人可以监测实验室设备的状态，预测可能的故障，并进行预防性维护。这有助于减少设备停机时间，提高实验室的运行效率。

（7）实验室安全管理。智能机器人可以用于监测实验室内的安全状况，包括检测气体泄漏、危险化学品的使用情况等。及时发现潜在的安全风险并采取措施，有助于提高实验室的安全性。

（8）虚拟实验室助手。基于人工智能的虚拟实验室助手可以为研究人员提供实验建议、解答问题，并执行虚拟实验。这有助于科研人员更好地规划实验设计和优化实验过程。

目前，智能机器人尚未在化学实验室中广泛采用，但其应用前景非常广阔，有望大幅提高实验室工作的效率、准确性和安全性，促进科学研究的发展。

1.6 交叉学科实验室

1.6.1 交叉学科设立的重大意义

近年来，科学研究要解决的问题，包括前沿科学问题和人类面临的全球性挑战，越来越复杂。单一学科的知识、方法、工具等已不足以破解这些重大科学难题，学科交叉研究发展趋势明显，同时学科自身也在动态演变之中。基础研究重大成果的产出也大多具有鲜明的学科交叉研究特征。不进行学科交叉，没有新的科研范式，重大的科学突破将十分艰难。因此，强化学科交叉和寻求新的科研范式是未来科学技术快速发展的必由之路。

然而，如何促进学科交叉融合研究，一直以来都是世界各国科学研究机构和团体面临的一个共同难题和挑战。对于我国这样的科学后发国家，展开交叉研究则更需创造力，强化学科交叉和寻求新的科研范式是未来科技快速发展的必由之路，也是我国实现科技自立自强的重要途径。大学生、研究生处于思维活跃、精力旺盛的阶段，若能在支持交叉学科活动的实验室中接受教育和科研锻炼，有助于他们成为国家未来的变革性交叉科学人才。综合起来，设计交叉学科实验室将发展出以下优势（图 1-16）：

（1）解决复杂问题。很多现代问题不再局限于单一学科领域，而是需要多学科的知识和方法相结合来解决。通过设立交叉学科，可以更好地应对跨学科性质的复杂问题，提高问题解决的综合能力。

（2）促进创新。交叉学科有助于不同领域的专家和研究者之间的创新和合作。新的思想和方法往往在学科交叉的交流中涌现，推动科学、技术和文化的发展。

（3）适应变化。社会和科技的迅速发展带来了新的挑战和机遇。交叉学科使得学者更容易适应变化，快速吸收其他领域的知识，应对新兴问题。

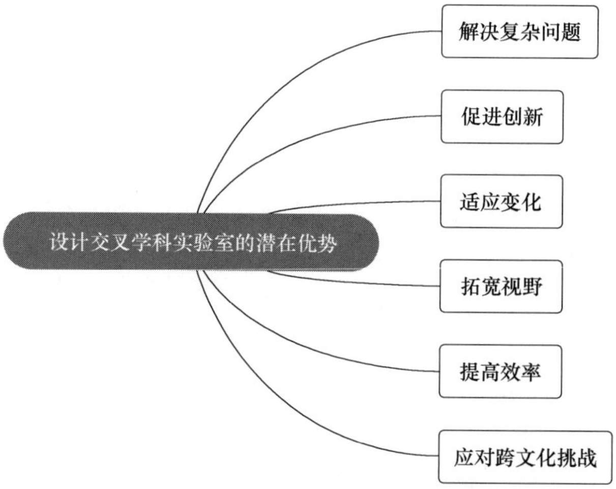

图 1-16 设计交叉学科实验室的潜在优势

（4）拓宽视野。交叉学科培养学生和研究者的跨学科思维，使他们能够从多个角度来看待问题。这有助于培养更全面、开放的思维方式，使个体在专业领域之外也能有更广泛的认识。

（5）提高效率。在一些问题上，单一学科的研究可能会受到思维定式的限制。通过引入其他学科的视角，研究者可以更迅速地找到解决问题的方法，提高研究的效率。

（6）应对跨文化挑战。一些全球性问题，如气候变化、贫困、健康等，涉及多个国家和文化。交叉学科有助于不同文化和学科的专家共同合作，制定更全面、可持续的解决方案。

1.6.2 交叉学科实验室接口的设计

设计化学实验室与其他学科实验室交叉的接口需要考虑各学科的需求，以便实现有效地协同工作和资源共享。在设计交叉学科实验室和工作环境时，应有意识地结合以下理念进行设计（图 1-17）：

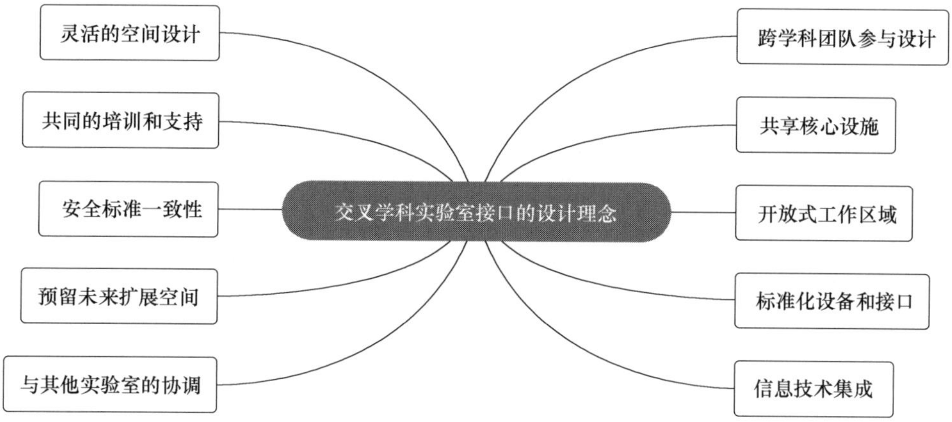

图 1-17 交叉学科实验室接口的设计理念

（1）跨学科团队参与设计。在实验室设计的早期阶段，组建一个与化学紧密相关，如生物学、物理学、计算科学、材料科学、食品科学等跨学科团队。这样的团队能够充分理解各学科的需求，并确保接口设计能够满足不同实验室的要求。

（2）共享核心设施。建立共享的核心设施，如大型仪器设备、分析设备、储藏室等。这有助于降低资源冗余，提高利用效率。

（3）开放式工作区域。设计开放式的工作区域，以促进不同学科之间的交流和合作。共享的讨论区域、写作板和会议室可以帮助研究人员更容易进行跨学科的探讨、交流与合作。

（4）标准化设备和接口。确保实验室基本设备、设施的标准化，以便在不同学科的实验室之间共享。同时，设计通用的设备接口，使得设备能够无缝连接到不同实验室的网络和数据存储系统。

（5）信息技术集成。实现信息技术的集成，确保各学科实验室的数据能够互通。共享数据存储、云计算资源和实验数据管理系统有助于加强跨学科的合作。

（6）灵活的空间设计。确保实验室空间设计具有灵活性，可以适应不同学科的实验需求。可调整的实验桌面、插座位置和气体/液体接口都是考虑的因素。

（7）共同的培训和支持。提供跨学科的培训和技术支持，确保实验室用户能够熟练使用共享的设备和资源。这也有助于促进技术交流和合作。

（8）安全标准一致性。在整个实验室中确保安全标准一致性，以保障实验室用户的安全。跨学科团队应共同制定和遵守实验室安全规程。

（9）预留未来扩展空间。“留白”是国画中的精髓，也蕴含着先贤的处事智慧。为实验室预留一些未来的空间和资源，可以更好地适应学科交叉的发展和实验室的扩展、动态调整等实际要求。

（10）与其他实验室的协调。如果实验室与其他学科实验室紧密相连，确保设计考虑到协调的可能性，例如，共享的设备、通道和联合项目的空间需求。

通过充分考虑这些设计原则，可建立一个具有高度灵活性和协同性的跨学科实验室（图1-18），促进不同学科领域之间的科研合作和创新。

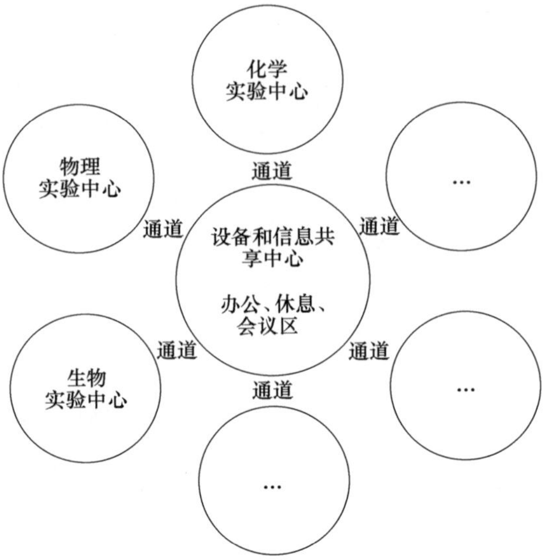

图1-18　面向交叉融合的实验大楼设计

1.6.3　交叉学科实验室的布局

因为涉及不同学科领域的专业知识和需求，设计交叉学科实验室是一个复杂而有挑战性的任务。在设计交叉学科实验室的具体布局之时，以下几个方面应当做综合考虑（图1-19）：

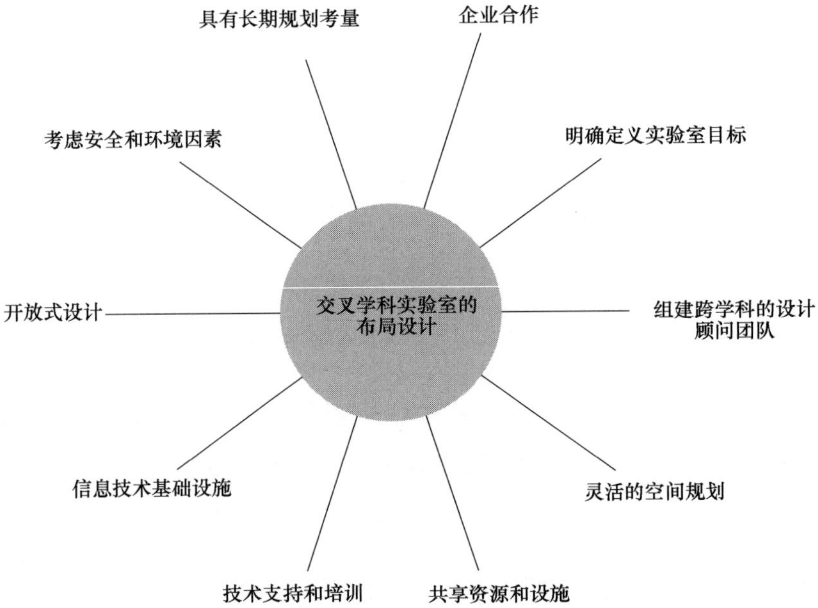

图1-19　交叉学科实验室的布局考量

（1）明确定义实验室目标。明确实验室/实验大楼的目标和使命非常重要，为设计预期的交叉学科做好沟通和相关配套设计。

（2）组建跨学科的设计顾问团队。由来自不同学科领域的专家组成的团队可以确保实验室设计充分考虑到各个学科的需求。跨学科团队还能够促进不同领域之间的交流和合作。

（3）灵活的空间规划。设计实验室时要考虑到不同学科可能需要的不同实验设备、工作空间和实验条件。提供灵活的空间规划，使得实验室能够适应不同实验需求的变化。

（4）共享资源和设施。考虑共享资源和设施，以减少设备冗余和提高资源利用效率。例如，共享的仪器、实验室设备和数据存储设施。

（5）技术支持和培训。为实验室提供跨学科的技术支持和培训计划，确保所有实验室用户都能够充分利用设备和技术资源。

（6）信息技术基础设施。建立健全的信息技术基础设施，以支持实验室内的数据共享、远程合作和实验数据的处理和存储。

（7）开放式设计。采用开放式的设计理念，促进交流和合作。创建共享的工作区域、讨论空间和会议室，以鼓励研究人员之间的交流。

（8）考虑安全和环境因素。考虑实验室的安全性和环保因素。确保实验室设计符合相关的安全标准，并采取措施降低实验室对环境的影响。

（9）具有长期规划考量。考虑未来的发展和需求，进行长期规划。设计实验室时要具备一定的扩展性，以适应未来学科交叉的发展趋势。

建议实验室始终保持约10%的空间留白作为实验室的动态调整空间，在实验室调整、升级和改造等时间段可快速响应。

（10）企业合作。与企业建立合作关系，可使实验室的设计联系实际应用需求，同时为学术研究提供实际场景和问题。实验室的筹建和设计规划阶段可会同相关企业共同研讨实验室方案。

1.7 行政办公区与休息区

大型、综合的化学实验室必备行政办公区和休息区，这些区域对于实验室日常运行、增强交流互动和人员舒适度非常重要。首先应当强调的是，由于实验区的特殊性，非实验区与实验区之间应当有明显的阻隔和距离，如设计缓冲走廊、采用门禁系统等。以下进一步探讨设计上述两个区域时应考虑的一些因素。

1.7.1 行政办公区的构成

行政办公区用于实验室科研人员和行政管理人员在非实验操作环境中进行数据处理、分析、会议、交流、茶歇等，应由以下区域或房间构成（图1-20）：

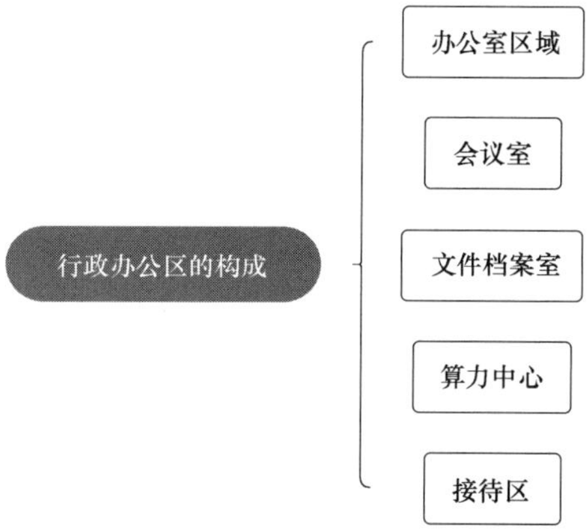

图1-20 行政办公区域的主要构成区域或房间

（1）办公室区域。办公室供实验室主管、研究人员和行政人员使用。对于高校、研究所等机构，还需考虑可供研究生、访问学者等学习、工作的办公室（区）。确保办公室空间充足、布局合理，具有充足的光线和良好的通风。

（2）会议室。设计适当大小的会议室，用于不同的会议目的，比如，为开展小组会议、实验室讨论和大型报告规划不同大小的会议室，并配备不同基础设施。具备条件的会议室应配备先进的音视频设备，以保证大型远程会议的开展和演示的音频和视频质量。

(3) 文件档案室。用专门的空间提供文件存放和展示的空间，包括文件柜、书架等，以便存放实验室公共的书籍、文件、文献和其他相关材料。

(4) 算力中心。计算化学是理论化学的一个分支，主要目的是利用有效的数学近似以及电脑程序计算分子的性质，并解释一些具体的化学问题。以计算化学为典型代表，需要运算能力较高的计算机或服务器。对于大型的实验中心来说，应当在设计之初布置用于提供算力基础的若干房间和服务器等。由于计算机操作与实验操作的要求与环境显著不同，可将算力中心与办公区规划在一起。

(5) 接待区。接待区用于内部交流、茶歇会谈、接待访客和与外部合作伙伴进行沟通。此区域应设计得专业、整洁，符合实验室的定位。

1.7.2 休息区设计

(1) 休息室。对于实验室的常驻人员，应设计一个舒适的、宽敞的休息室，配备沙发、椅子、咖啡机等，为实验室成员提供休息和社交的场所。

在设计风格方面，采用温馨舒适的设计风格，使休息区域成为一个宜人的社交和放松空间。在休息区域内加入一些绿植装饰，有助于提升环境舒适度，充分减轻工作压力。

考虑在休息区域内提供一些娱乐设备，如电视、乒乓桌、台球桌等，增加工作人员的放松身心的选择。

此外，可鼓励使用者参与休息区域的软装设计，创造相关条件，以确保最终呈现结果符合使用者的需求和喜好。

(2) 用餐区。用餐区可与休息室合并一处，同时提供员工用餐的场所。在该区域提供微波炉、烤箱、冰箱等设备，方便工作人员存放和加热食物。

(3) 室外空间。现代建筑应充分考虑室内、室外的有机结合，设计良好的实验室周围的室外休息区域，可以让实验室工作人员在室外呼吸新鲜空气和感受优美的自然环境，激发想象力。

2　实验楼全局系统

实验大楼是实验室的物理基础，实验室是实验大楼的终端。实验大楼的整体规划和设计决定了其中各实验室的使用便捷性、安全性、舒适性。实验大楼的基础设施为水电气系统、通风系统、空调系统、管道系统、环保系统以及安保系统（图 2-1）。但是这些系统会随着时间的推移和频繁地使用逐渐老化和超负荷工作导致损坏。因此，在设计实验室全局系统时，必须留有增添和改造的余地。本章以保障实验室安全为理念提出实验楼全局系统的建设。通过引入智能管理系统等，实时监测各系统的运作状态，以保证整个实验大楼的顺利运转。

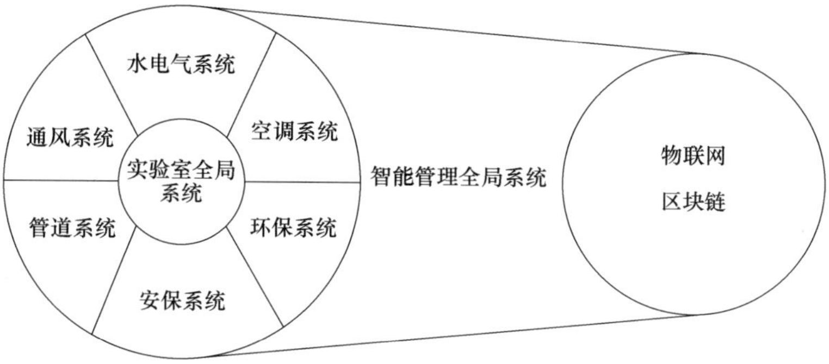

图 2-1　实验室全局系统设计分类示意图

2.1　“零碳排放”设计理念

先引入几个必要的概念：

（1）碳中和。该概念始于 1997 年，由来自英国伦敦的未来森林公司（后更名为碳中和公司）首度提出，指家庭或个人以环保为目的，通过购买经过认证的碳信用来抵消自身的碳排放，公司亦为这些用户提供植树造林等减碳服务。随着“碳中和”概念的推广，广义上的“碳中和”则指通过植树造林、生物固碳、节能环保等方式抵消一段时间内国家或企业产生的二氧化碳或温室气体排放量，使其从大气中去除的碳量等于排放的碳量。从本质上讲，“碳中和”是一个更狭义的术语，用于表示净零中发生的情况，特别关注碳的去除。

（2）3060 双碳目标。2020 年 9 月 22 日，中国国家主席习近平在第七十五届联合国大会一般性辩论上表示：中国将提高国家自主贡献力度，采取更加有力的政策和措施，二氧化碳排放力争于 2030 年前达到峰值，努力争取 2060 年前实现“碳中和”。该表述即我国提出的“3060 双碳目标”。

（3）净零。“净零”这个概念来源于《巴黎协定》提出的 2℃ 温控目标，并力求将升温控制在 1.5℃ 以内。要求全球尽快实现温室气体排放达峰，二十一世纪下半叶实现全球温室气体净零排放，以降低气候变化带来的风险与影响。与此同时，很多的国际大公司也基于科学碳目标设立方式相继宣布自己的净零排放目标。在这里，与碳中和不同的是，净零排放包括所有温室气体（不仅是 CO_2），其排放量与温室气体清除量达到平衡时，被称为净零温室气体排放。因此，“碳中和”狭义上来说只与 CO_2 有关，“净零”包括所有温室气体。“净零”则意味着做出改变以将温室气体排放量降至最低，并将抵消作为最后的手段。

（4）零碳。“零碳”这个概念，主要是从产品端来考虑，由原来的低碳产品、低碳建筑更进一步实现“零碳”。“零碳”从原理上来说应该是表示不产生任何碳排，比如太阳能电池板在使用过程确实是零碳排的，但是再生产制造过程中其实并非零碳。

在建筑领域，“零碳建筑”的研究已经在欧美国家中展开了一段时间，而不同国家对于“零碳建筑”的定义并不完全相同。比如英国将包括采暖、空调、通风、照明、热水，以及烹调、洗涤、娱乐等在内的所有相关电器、设备所使用的能源所带来的碳排放为零的建筑称为“零碳建筑”。“零碳建筑”会分为几个层级，比如运行阶段零碳、全生命周期零碳等。

“零碳”相较于“碳中和”来说，“碳中和”是比较宏观的大的概念，且会更注重碳的抵消的部分；而“零碳”更多是对于单体的描述，对象较为具体，且更注重自身的碳排水平。

为更好地回应我国碳排放目标，对于新型实验大楼，在规划建设时，将其运营过程中的采暖、空调、通风、照明、热水等日常运维用能设计为“零碳”排放具有重大的示范意义，尤其是承担大量人才培养的高等院校，对人才的环保控碳意识培养和方式方法传承推广都有重要价值。

2.2 水电气系统

2.2.1 纯水系统

在当今的实验室中，水环境作为大多数实验室最基本的环境，在实验中扮演着非常重要的角色。水质往往决定了许多实验结果的真实性和可重复性。大多数实验操作专家一般都要求纯水中的杂质元素和化合物浓度达到甚至低于千亿分比浓度（Part Per billion, PPb）水平。在科学实验室研究领域，净化关注的起点是自来水，如果实验室已经有了蒸馏水、去离子水或反渗透水，那么只需关注超纯水工艺。

（1）实验室纯水的分级。实验室用水可以分为 3 级，依次为（图 2-2）：

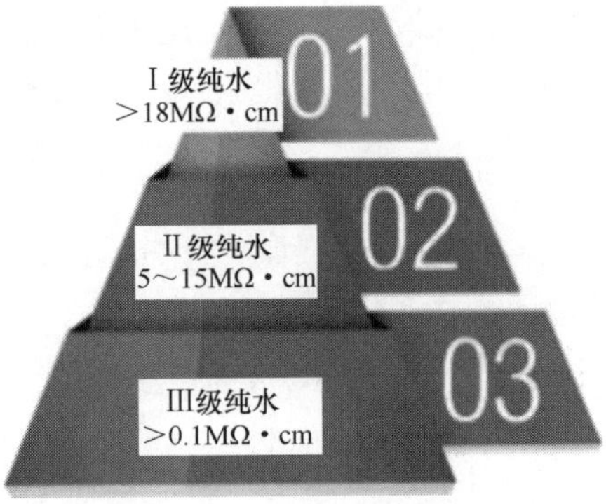

图 2-2　实验室纯水的分级

① Ⅲ级纯水。Ⅲ级纯水的物理纯度一般大于 0.1MΩ・cm（25℃），单蒸水、双蒸水、普通去离子水和反渗透水都属于此级别。它一般由自来水纯化制备而成。Ⅲ级纯水的主要用途是清洗瓶

皿，高压消毒装置用水，人工环境室用水及超纯水仪进水等。

② Ⅱ级纯水。Ⅱ级纯水是一个模糊的范围，常用5~15MΩ·cm表示。但Ⅱ级纯水绝不严格限于此范围内，可以将1~17MΩ·cm范围均认为是Ⅱ级纯水。Ⅱ级纯水一般是Ⅰ级纯水再经过离子交换或电渗析而制成。它主要用于一般试剂的配制，普通化学实验用水及给超纯水仪供水。

③ Ⅰ级超纯水。Ⅰ级超纯水是指物理纯度大于18MΩ·cm的水，习惯称电阻率为18.2MΩ·cm是Ⅰ级超纯水的指标。Ⅰ级超纯水一定是由Ⅲ级或Ⅱ级纯水经核子级离子交换树脂再纯化而来。它主要用于高精密度的分析实验和对水纯度要求很高的生命科学实验。

（2）水的纯化方法。超纯水要综合使用多种技术手段才能完全符合指标，通常采用多种技术进行联合使自来水向高纯水的转化以供实验室使用。表2-1归纳了常用的水的纯化方法：

表2-1　　水的纯化方法

纯化方法	特点	优缺点
蒸馏	根据蒸馏的次数分为单蒸、双蒸和三蒸	方法简单，制备仪器一次性投资小，但是耗能较大，产水纯度和产量有限
过滤	采用反渗透技术，反渗透（RO）膜通常用于过滤直径小于1nm的污染物	反渗透技术具有极佳的净化效率，由于出水率相对较低，通常需要配备一个储水箱，以暂时保存所生产的水，供日后使用或净化
吸附	应用活性炭具备的高孔隙率的特点吸附去除部分微生物、游离氯等杂质	操作简单，但吸附属于物理变化，无法除去水中的污染物
离子交换	液相中的离子和固相中离子间进行的一种可逆性化学反应	该技术的优点是理论上没有耗材，但一次性投资相对较大，而且电渗析（EDI）组件对进水中重金属等离子的纯度要求较高，否则极易中毒

（3）实验室纯水的供应模式分为：①中央纯水供应模式；②分散纯水供应模式。

中央纯水供应是指利用纯水生产设备和供水管道将实验室用水输送到各个实验室用水点。实验室纯水或超纯水可直接从实验室用水点的纯水水龙头大规模获取。

分散式纯水供应是指在实验室的不同用水点安装纯水机或成品水机。随着实验室设施的发展，自来水管网和实验室集中供水已成为大型实验建筑纯水供应发展的趋势。

中央式供水和分散式供水的优缺点见表2-2。

表2-2　　中央式供水和分散式供水的优缺点

纯水供应模式	优点	缺点
中央式	a. 运行成本低，管理集中； b. 集体使用，不存在机器闲置可能； c. 产量大，用水采用管网化，同一实验室多点取水	系统必须保证长期安全运行，否则存在断水风险
分散式	仪器有单独的使用权，使用率高	a. 运行成本高，管理分散，消耗成本相对较高； b. 桌面定点台式安装，定点取水，机型产量小，流量小，工作效率低； c. 若每个实验组单独购买，总费用较高，可能会因每个实验组工作情况不同而导致空置率提高，不利于投资效率最大化

2.2.2 给排水系统

(1) 实验室给水系统。实验室给水系统包括实验给水系统、生活给水系统和消防给水系统。生活给水系统和消防给水系统与一般建筑的给水系统一致，与一般实验给水系统通常可合并成一个系统。

不同的实验室对实验用水有不同的要求，实验仪器的循环冷却水水质应满足各种仪器不同的水质要求；对于进行强酸、强碱、剧毒液体实验，有可能发生飞溅爆炸的实验室，应就近设置紧急喷淋设施。当应急洗眼器的水龙头高度大于 1m 时，应采取减压措施。无菌室和放射性同位素实验室应安装热水淋浴装置，水龙头应安装脚踏开关、弯头开关或光电开关。如果放射性同位素实验室采用科学研究而使用统一的生活和消防给水系统时，污染区的用水必须经过截流水箱。室内消火栓应设置在清洁区域，供水系统的进水口一般也应设置在清洁区域。应采用上行和下行供水网络，以避免污染扩散。

室内消防给水系统包括普通消防系统、自动喷水灭火给水系统和水幕消防给水系统。必要时，应在实验楼、仓库等建筑内设置室外消防给水系统，由室外消防给水管道、室外消火栓、消防水泵等组成。

(2) 实验室给水方式。实验室给水系统应保证必要的水压、水质和水量。对于大型高层实验楼，当室外管网不能满足上层实验室用水要求，或室外管网水压周期性不足时，特别是为保证实验室安全供水，应设置加压设备或屋顶水箱、水泵供上层实验室使用。对于化学实验室，由于安装了应急淋浴器、应急洗眼器等，水流量要足够大，打开排水阀时反应时间要快。常用的给水方式有：

① 直接供水。在外部实验室层数不多、水压和水量均能满足要求的情况下，一般可采用直接供水法。这种方式内部没有加压水泵，一般与外部供水管网连接。

② 高位水箱供水。在用水高峰期，当外部供水管网的水压下降到不能满足建筑物高层用水要求时，或当外部供水管网的水压周期性不足时，可采用这种方式。

③ 加压水泵的供水。当外网水压低于实验、生活、消防等用水要求，且用水量不均匀时，可采用这种供水方式。

(3) 实验室排水系统。实验室排水系统根据实验室排放废水的成分、性质、流量和排放规律，确定相应的排水系统。表 2-3 总结了不同性质废水的排放方式。

表 2-3　　不同性质废水的排水方式

废水性质	排放方式
无害悬浮物或污染程度不严重的废水	直接排入外部排水系统
有毒有害废水	进行预处理，达到国家标准后才能排入外部排水系统或通过旁路排放
纯度较高的溶剂废料或有价值的试剂	进行技术经济比较后回收利用，如果要重新使用，则应对排放的废水进行相应处理
含有放射性同位素的废水	对长期和短期的核素废水进行分流，废水必须从清洗区流向污染区

(4) 实验室给排水系统设计注意事项。

① 实验室供排水系统必须科学设计，保证饮用水源不受污染，如实验用水与饮用水源不一致，必须分别标明饮用水和实验用水的水龙头，以免混淆。

② 实验楼必须有应急水源，当公共自来水供应不足或停止供水时，可正常供应各种仪器的冷却水、洗眼用水、蒸馏器用水、蒸馏瓶冷凝管用水等。

③ 给排水系统应符合实验室模块，合理布置，便于维修，管线应尽量短，避免交叉。给排水管道应沿墙、柱、管道井、试验台夹腔、通风橱衬板等敷设，不得紧贴实验室模块敷设、一般实验室的管子可采用人工敷设，在安全要求较高的实验室应尽量暗装，所有暗装的管子应设置通向控制阀的检修孔，以便维修。

④ 排水系统的设计应具有灵活性，并应预留一定的设施，以确保实验室的可靠性和持续运行。向下和向上的给水横管应敷设在底层走道的上方或地下室顶板的下方；上、下横向供水管道必须敷设在上层技术管道层内或上层走道上方；无霜区可敷设在屋面上，在主供水管引入实验室的各支管上，必须安装阀门。

⑤ 实验室内用水点的位置应科学定位，提前设置，尽量将用水点靠墙放置，便于设置用水点，并适应日后的改造。

2.2.3　供电系统

在实验楼内，有不同类型的实验设备和仪器，供电系统除了要维持特定实验环境的耗电量外，还要满足现有和未来各种仪器的特殊耗电量要求，对于离心机、色谱柜、带压缩机的低温冰箱等仪器，其电机启动所需的电流往往比工作电流高出数倍，在启动的瞬间往往会影响线路的电压波动，如果在此线路上使用的大功率仪器较多，就会造成仪器的不正常运行；微电子仪器，如微生物电学测试仪、分光光度计、计算机等。这些微电子仪器对电源质量的要求相对较高，大功率仪器的工频启动会产生脉冲电压，这些脉冲电压很容易损坏元器件或造成读数波动、数据丢失等故障。因此，实验楼供电系统的设计，除了要预留足够的富余电量以满足未来发展的需要外，还必须提供稳压不间断电源。

此外，由于实验室的差异性，实验楼的供电系统从供电、线路、照明、安防等各个方面都有其特殊性。实验楼的耗电量一般会高于前期预估需要量，在设计实验大楼伊始，应将此情况考虑在前。

（1）实验室电源。可调节、不间断的实验室电源对于确保仪器的稳定运行至关重要。为了避免公用电源电压不稳定或突然停电影响实验室的运行，通常配备电源和电压调节器，实验室中最常用的有 UPS 电源，分为两类：

① 普通 UPS，只起不间断电源的作用，但不能调节电压。

② 在线式 UPS 电源，可以是不间断电源，可以调节电压。

根据仪器的实际情况和要求，可以选择不同的电源。

（2）实验室供电线路。

① 为了使这些大功率仪器工作时互不干扰，一般给大功率仪器单独设一条线路，微电子仪器与大功率用电器不能共接同一条线路。

② 对于需要不间断供电的精密仪器，应配稳压的 UPS 电源；对于培养室、生物安全实验室、动物饲养室等需要不间断供电的实验室，必须采用双保险专用电源。

③ 每一实验室内设三相交流电及单相交流电，在靠近门口设置设一个总电源控制开关，方便从走廊引线、控制检修及开启或切断室内电源。对于实验停止后仍须运行的设备，应连在专用供电电源的线路上，避免因切断实验室的总电源而影响工作。

④ 实验台设置一定数量的三相及单相电源插座，电源插座回路设有漏电保护电器，插座设置应远离水盆和煤气。

⑤ 潮湿、有腐蚀性气体、蒸汽、火灾危险和爆炸危险等场所，应选用具有相应的防护性能的配电设备。

⑥ 化学实验室因有腐蚀性气体，配电导线采用铜芯。物理实验室可以采用铝芯导线。

⑦ 实验室的接地系统可保证人身安全以及仪器的正常运转。一般接地种类有安全保护接地、防静电接地、直流接地、防雷接地等。

⑧ 在同一科学实验建筑（室）内设有两种及以上不同电压或频率的电源供电时，宜分别设置配电保护装置并有明显区分或标志。当由同一配电保护装置供电时，应有良好的隔离。不同电压或频率的线路应分别单独敷设，不得在同一管内敷设。同一设备或实验流水线设备的电力线路和无防干扰要求的控制回路允许在同一管内敷设。

⑨ 高层或线路较多的多层科学实验建筑，垂直线路宜采用管道井敷设。强、弱电管线宜分别设置管道井。当在同一管道井内敷设时，应敷设在管道井内两侧。

（3）实验室照明。实验室照明设备一般适用荧光灯，荧光灯不仅寿命长、功率密度大、发光效率高且散热量低。如选用其他类型的照明灯泡，应达到或超过荧光灯的相当水平。

在分析化学实验室，滴定终点指示剂的颜色变化是目测的，可设置在工作荧光灯上；电磁干扰要求严格的实验室，不宜使用气体放电灯；在暗室、电子显微镜室等应设置单色（红色或黄色）照明，入口处应设置处于工作状态的标志灯；放射性实验室、感染性微生物实验室、致癌物或毒素实验室应设置洁净灯具，电线和管道应暗敷，灯具开关应安装在室外走廊；无菌室应设置紫外线灭菌灯，其控制开关应设在门外，并与常规照明灯具的控制开关分开安装；在潮湿、有腐蚀性气体和蒸汽、有火灾和爆炸危险的场所，应选用具有适当防护性能的灯具；在安全出口、疏散通道等处应安装疏散指示灯，以便在紧急情况下迅速疏散人员；在管道技术层内，应由单独的分支或专用配电箱供电照明。

2.2.4 供气系统

（1）实验室用气体种类。精密分析仪器使用的高纯气体、化学反应中使用的实验气体（氯气）以及辅助实验使用的气体、压缩空气等都是实验室常用的气体。气相色谱仪、气质仪、原子吸收仪、ICP 等精密仪器所用的高纯气体主要包括不可燃气体（氮气、二氧化碳）、惰性气体（氩气、氦气）、易燃气体（氢气、乙炔）、助燃气体（氧气）等。

图 2-3　实验室常用气体钢瓶

实验室气体主要由气瓶供应，部分气体可由气体发生器供应。常用的钢瓶都有外部颜色区分和标签（图 2-3）：氧气瓶（天蓝色黑字）、氢气瓶（深绿色红字）、氮气瓶（黑色黄字）、压缩空气瓶（黑色白字）、乙炔瓶（白色红字）、二氧化碳瓶（铝白色黑字）、氩气瓶（灰色绿字）、氦气瓶（棕色绿字）。

（2）实验室供气方式。实验室供气系统可分为 2 种，即分散供气和集中供气，其实现方案和优缺点如表 2-4 所示。结合分散式供气和集中式供气各自的优缺点，建议在实验大楼设计时采用分楼层或分区域集中式供气，而非全楼集中式供气的设计方式。为此，可为气瓶放置单独开辟存储房间。

表 2-4　　实验室供气系统对比

供气方式	实现方案	优缺点	注意事项
分散供气	将气瓶或气体发生器放在需要气体的实验室或仪器分析室	距离仪器用气点较近，减少气体使用量，操作方便	需要安装防爆、报警和排风装置
集中供气	将所需气体分类放入独立的气瓶实验室，采取集中管理的办法，并按照各仪器的用气要求输送到相应的地方	可实现气源集中管理，远离实验室，保障实验人员的安全；但供气管道长，导致浪费气体，开启或关闭气源要到气瓶间，使用较不方便	要求考虑气体管道的气密性和高洁净度，同时还需要安装气体调压装置，保证供气的安全可靠性

（3）气瓶摆放与使用注意事项。

① 气瓶间应远离火源、热源和潮湿环境，并且需要安装通风设备。

② 气瓶室内部应留有排放氢气的泄流孔，室内必须安装防爆装置，并且周围禁止使用明火。

③ 气瓶应设置专瓶专用，不可随意改装，且易燃易爆气瓶应该与助燃气瓶隔离。

④ 气瓶在使用和储存时应直立放置，并固定在专用箱内。

⑤ 气瓶应放在主体建筑物之外的气瓶存放间。

⑥ 对日用气量不超过一瓶的气体，实验室内可放置一个该种气体的气瓶，但气瓶应有安全防护设施。

⑦ 氢气和氮气的气瓶存放间应有每小时不小于 3 次换气的通风措施。

（4）气体管道设计。

① 氢气、氧气和煤气管道以及引入实验室的各种气体管道支管宜明敷。当管道井、管道技术层内敷设有氢气、氧气和煤气管道时，应有换气 1~3 次/h 的通风措施。

② 按标准单元组合设计的通用实验室，各种气体管道也应按标准单元组合设计。

③ 穿过实验室墙体或楼板的气体管道应敷在预埋套管内，套管内的管段不应有焊缝。管道与套管之间应采用非燃烧材料严密封堵。

④ 氢气、氧气管道的末端和最高点宜设放空管。放空管应高出层顶 2m 以上，并应设在防雷保护区内。氢气管道上还应设取样口和吹扫口。放空管、取样口和吹扫口的位置应能满足管道内气体吹扫置换的要求。

⑤ 氢气、氧气管道应有导除静电的接地装置。有接地要求的气体管道其接地和跨接措施应按国家现行有关规定执行。

⑥ 管道敷设的基本要求。输送干燥气体的管道宜水平安装，输送潮湿气体的管道应有不小于 0.3%的坡度，坡向冷凝液体收集器；氧气管道与其他气体管道可同架敷设，其

间距不得小于 0.25m，氧气管道应处于除氢气管道外的其他气体管道之上；氢气管道与其他可燃气体管道平行敷设时，其间距不应小于 0.50m；交叉敷设时，其间距不应小于 0.25m。分层敷设时，氢气管道应位于上方。室内氢气管道不应敷设在地沟内或直接埋地，不得穿过不使用氢气的房间；气体管道不得和电缆、导电线路同架敷设。

⑦ 气体管道宜采用无缝钢管。气体纯度大于或等于 99.99%的气体管道宜采用不锈钢管、铜管或无缝钢管。

⑧ 管道与设备的连接段宜采用金属管道，如为非金属软管，宜采用聚四氟乙烯管、聚氯乙烯管，不得采用乳胶管。

⑨ 阀门和附件的材质。对氢气和煤气管道不得采用铜质材料，其他气体管道可采用铜、碳钢和可锻铸铁等材料。氢气和氧气管道所用的附件和仪表必须是该介质的专用产品，不得代用。

⑩ 阀门与氧气接触部分应采用非燃烧材料。其密封圈应采用有色金属、不锈钢及聚四氟乙烯等材料。填料应采用经除油处理的石墨石棉或聚四氟乙烯。

⑪ 气体管道中的法兰垫片其材质应依管内输送的介质确定。

⑫ 气体管道的连接应采用焊接或法兰连接等形式，氢气管道不得用螺纹连接，高纯气体管道应采用承插焊接。

⑬ 气体管道与设备、阀门及其他附件的连接应采用法兰或螺纹连接，螺纹接头的丝扣填料应采用聚四氟乙烯薄膜或一氧化铅、甘油调和填料。

⑭ 气体管道设计的安全技术应符合每台（组）用氢设备的支管和氢气放空管上应设置阻火器的规定。

⑮ 各种气体管道应设置明显标志。

2.3 空调系统

2.3.1 实验建筑空调系统的分类与特点

实验室建筑不同于其它建筑，不同的实验室对温度、湿度、压强、洁净度等参数有不同的要求，并且这些实验室之间的气流不能交叉污染，更不能流向办公区。因此，需要严格设计实验建筑空调系统。按布置方式不同可分为分散型空调系统、集中型空调系统及局部集中型空调系统。

分散型空调系统是指各实验室分别采用独立的空调机。该空调系统安装容易、使用灵活、管理方便、节约能源，但是没有新风系统且空调外机多，需要同时考虑外机的安放地点与美观因素。

集中型空调系统是指实验建筑采用整体中央空调系统。其系统设计易满足人体舒适度要求，但对于实验区和办公室综合使用区域采用集中型空调，则会浪费资源，并且不能满足一些特殊实验室的温度和湿度。

局部集中型空调系统是指采用多个空调机组来控制不同实验室的温度和湿度，针对的是有不同要求的区域。并且采用变频控制，实现节能的目的。局部集中型空调系统是分散型和集中型空调系统的联合使用，适用于实验室空调系统的选择。

2.3.2 普通实验室的空调系统

普通实验室的空调系统是指对洁净度没有特殊要求的实验室空调系统，一般按舒适性空调设计即可，夏季的适宜温度应是18~28℃，冬季16~20℃，湿度最好在40%（冬季）~70%（夏季），为了保证实验室的气流不对周围的公共区产生污染，一般相对公共区保持微负压。

有些精密仪器室要求保持恒温恒湿，以利于仪器的保养。对于棱镜光谱仪等精密仪器设备，对温度和湿度的要求更高。由于棱镜的折射率因温度而异，温度波动大时，可显著影响波长的测定精度，所以棱镜光谱仪对环境条件要求很严格，一般要求光谱室温度为(20±5)℃，相对湿度65%±5%。

对于排毒柜较多的理化实验室，为了达到节能的目的，除了通风系统外，还需要合理设置空调系统的补新风系统，避免实验室内过多空气被抽走而出现负压，当室内外的温差较大时，还需要对补入空气进行预热或预冷。

2.3.3 洁净实验室的空调系统

洁净实验室是一个全密闭的环境，通过空调送风、回风系统的初、中、高效过滤器，使室内环境的空气不断地循环过滤，以保证空气悬浮粒子浓度受控到一定的浓度，洁净实验室需控制的主要参数有尘埃粒子数、菌落数、换气次数、压差、温度、湿度、光照度、噪声。

常见的洁净实验室有细胞培养室、动物实验室、植物实验室等，根据实验的需要，对环境的洁净度、温度、湿度及空调的工作时间有不同的要求。为了实现节能的目的，对于动物饲养室、培养室等不间断工作的房间，需要配备独立的空调机组及备用电源。

2.3.4 实验室空调系统设计的考虑因素

实验室空调系统必须满足实验室研究要求。除对温度、湿度需严格控制外，需要足够的通风量处理烟尘、异味、空气中污物，满足排风设备通风以及实验室内热负荷要求。空调系统必须充分考虑系统的可靠性并考虑富余量。不同性质区域需保证不同的相对压力，并要根据相关标准考虑节能。实验室空调系统设计除了常规空调需要考虑的因素外，还需要结合实验室特点，综合分析各种因素后，选择合适的空调系统。

实验室必须保持一定的温度梯度和气流状况。通常情况下，实验室相对于走廊以及非实验室区保持负压，气流从低危区流向高危区，整栋建筑相对于外界必须保证正压以防止有害的未经过过滤处理的气体渗入。

① 实验室的气流组织。走廊的送风需考虑到对实验室的补风以及整栋建筑的正压要求。在建筑平面布局合理的前提下，充分考虑送风口、回风口以及排风口的位置，送回排风量的匹配，建立房间之间合理的压力梯度，保证空气有序流动，防止交叉污染。在实验室的设计中不仅要考虑气流的流向，还要考虑流量、不同洁净等级或不同功能房间的压差，通常为5~10Pa，生物安全实验室相邻不同功能房间压差通常为10~15Pa，要充分考虑人流、物流的路线，最大限度地减少室内的回流和涡流，避免污染物扩散到室内，危害人员和环境的安全。特别要注意排毒柜对室内气流组织的影响，

在实验室排毒柜、生物安全柜附近的区域应尽量避免紊流的出现，紊流在罩边的影响远比在罩前的影响大。

② 实验室气流的压力控制。实验室气流的压力控制主要有直接压差控制法和余风量控制法。

直接压差控制法即通过压差传感器测量室内与参照区域的压差，与设定的压差比较后，控制器根据偏差调节送风量（或排风量），从而达到要求的压差。此种压力控制法为反馈控制，系统的响应时间长，控制精度低。

实验室的送风量与排风量之间保持一定的风量差（称为余风量），必然会导致实验室内外产生一定的压差。当室内总送风量大于室内回风、排风总量时，空气通过余压阀和房间缝隙排出，与相邻区域建立起正压，避免环境中的污染物进入室内，如要求洁净度较高的场所。

当房间总送风量小于回风、排风总量时，空气通过相邻房间或由室外进入室内，室内呈负压，此类负压系统是为了保证环境的安全，保证未经处理的污染物不会流向室外，如生物安全实验室、负压动物房等。余风量控制法的优点是压差控制准确、系统波动小、平衡迅速。系统在不受外扰的条件下属于前馈控制，系统响应时间短，控制精度高，多数洁净室采用此种压力控制方法。

对于要求压力控制精度高且需要压力稳定的场所（如生物安全实验室），多以余风量控制法为基本控制方法，同时加入压力传感器和控制器对余风量进行设定。以产生压差的余风量确定送、排风量，同时对余风量进行监测，当余风量偏离设定值达到一定程度时，系统自动报警，此时需要对测量装置或可能产生漏风的设备（如风管系统、围护结构）进行处理。余风量控制与压力控制相结合，可以实现系统的动态控制，确保压力系统压差的准确。

③ 实验室的排风设备。实验室排风设备的数量及其排风量是实验室空调系统设计考虑的重要因素，常见的实验室排风设备包括排毒柜、万向排气罩、原子吸收罩、桌面通风罩、生物安全柜、抽风式试剂柜、通风的动物笼、手套箱等。

④ 冷热负荷的因素。实验室空调系统的设计必须充分考虑实验室的潜在热源与冷源，以便计算出科学准确的冷量及采用变频空调，达到节能的目的。实验室常见的冷热负荷包括人员显热、动物显热、实验室仪器设备、计算机、灯光、冷房、暖房等。

2.4 通风系统

2.4.1 实验室通风的目的和要求

化学实验室中存在刺鼻或有毒的药品和试剂，它们会释放出有害气体，需要将其排出室外。因此，通风系统是必不可少的。实验室通风与空调系统要求不同，通风系统主要是提供安全、舒适的工作环境，避免实验室人员暴露在危险空气中。

2.4.2 通风的分类

实验室通风可以分为 4 类，如表 2-5 所示。

表 2-5　**实验室通风的分类**

分类标准	类型名称	实施方式
作用范围	全面通风	全面通风是对整个房间进行通风换气,用送入室内的新鲜空气把房间里的有害气体浓度稀释到卫生标准的允许范围内,同时把室内污染的空气直接或经过净化处理后排放到室外大气中
	局部通风	局部通风是采取局部气流使局部地点不受有害物的污染,从而营造良好的工作环境。实验室局部通风一般包含:排毒柜通风、万向抽气罩通风、原子吸收罩通风、桌面通风罩通风等
作用动力	自然通风	自然通风是利用室外风力造成的风压,以及由室内外温度差产生的热压使空气流动的通风方式
	机械通风	机械通风是依靠风机的动力使室内外空气流动的方式

实验室一般采用机械通风、机械补风或自然补风相结合的形式。在通风系统设计时,先考虑局部通风，若达不到要求，再采用全面通风，局部通风可以保证在实验地点合理有效地排除有害物质，全面通风用来排除散发及残存在实验室中的有害物质，以保证实验室的卫生环境。另外，还要考虑建筑设计和自然通风的配合。

另有一种特殊通风形式是“事故通风”，它是为防止在发生偶然事故或故障时，可能突然放散的大量有害气体或有爆炸性的气体造成更大人员或财产损失而设置的排气系统，是安全保障的一项必要措施。

2.4.3　通风系统的组成

通风系统一般由通风设备、通风管道、消声器、风机、控制系统组成。

(1) 通风设备。实验室常用通风设备主要有：排毒柜、原子吸收罩、万向排气罩、桌面式通风罩等（图 2-4）。

(a)

(b)

(c)

图 2-4　实验室排风设备

(a) 原子吸收罩　(b) 万向排气罩　(c) 排毒柜

排毒柜是安全处理有害、有毒气体或蒸汽的通风设备，作用是用来捕捉、密封和转移污染物以及有害气体，防止其逃逸到实验室内，这样通过吸入工作区域的污染物，使操作者吸入接触的污染物最小化。排毒柜内的气流是通过排风机将实验室内的空气吸进排毒柜，将排毒柜内污染的气体稀释并通过通风系统排到户外后，可以达到低浓度扩散。

万向排气罩是进行局部通风的首选，安装简单、定位灵活，通风性能良好，能有效保护实验室工作人员的人身安全，适用于液相色谱、气相色谱或废气量不大且没有高温的实验。

原子吸收罩主要适用于原子吸收仪等涉及高温且需要局部通风的大型精密仪器，要求定位安装，也是整体实验室规划中必须考虑的因素之一。

桌面通风罩主要适用于有机化学或需要长时间蒸馏的实验室，在解决这类实验室的整体通风要求中，它是必不可少的装备之一。

（2）通风管道。对于一般的普通建筑，若室内排出的气体没有腐蚀性，风管道可以采用镀锌钢板，对于产生有腐蚀性气体的实验室，风管应采用耐腐蚀材料的 PVC 风管或玻璃钢风管。在一般的实验室通风工程，室内大多采用 PVC 风管、室外采用玻璃钢风管。

对于室内层高不足的实验室或采用大型风管的实验室，一般采用矩形风管，以便与现场空间匹配，在满足风管要求的前提下，尽量减小风管占用空间。圆形风管采用插件连接，矩形风管采用法兰方式连接，根据实际情况也可采用插件方式连接。

（3）消声器。消声器，又称为静音器，是一种安装在空气动力设备（鼓风机、空压机、通风机等）的气流通道上或进、排气系统中的降噪装置。其主要功能是阻挡声波的传播，同时允许气流顺畅通过，从而达到控制噪声的目的。

根据消声机理的不同，消声器可以分为多种类型，主要包括阻性消声器、抗性消声器和阻抗复合式消声器等。在选型时，需要考虑以下因素：

① 噪声源特性。包括噪声的频率特性、声压级等。

② 系统要求。如通风量、压力损失等。

③ 安装空间。消声器的尺寸和形状应与安装空间相匹配。

④ 经济性。在满足消声效果的前提下，尽量选择成本较低的消声器。

（4）风机。风机主要有轴流风机、斜流风机、离心风机（图 2-5）。轴流风机、斜流风机适用于风压小、管路短的通风系统，如直接排至窗外或墙外的通风系统，简称直排；玻璃钢离心风机适用于管路长的通风系统，如通过风管井或外墙接管排至屋顶，简称屋顶排放。风机的材质一般分为玻璃钢、PP、PVC 等。风机的型号根据风量和风压选择。

斜流式　　离心式　　轴流式

图 2-5　主要的风机设备类型

（5）通风控制系统。通风控制系统可根据不同的情况采用不同的控制方式，其特点和优缺点等信息汇总如下：

① 单台通风设备定风量通风控制系统。

实施方式：每一台排毒柜的排风由独立的一组通风管和一台风机，有效的排放于大气层。风机的开关、排风系统的启动安装于排毒柜或通风设备上，排毒柜上方的控制阀为电动阀或手动阀。

优点：操作简捷，系统的开关不影响其他同房的设备，只引用需要的通风设备；防止通风系统的串联及废气的回流；便于气流的控制；系统运作费用低廉。

缺点：系统前期投入费用高；安装复杂，安装空间需求大；长期维修费用昂贵。

适用范围：特别功能实验室如P2实验室、P3实验室、无菌间、放射性实验室、PCR实验室、动物实验室、DNA实验室等。

② 多台通风设备变频通风控制系统。

实施方式：多台的通风柜或通风设备经由一组管道的串联由一台风机进行排放，排毒柜上方的控制阀为电动阀。分为两种控制方式，即定点控制——所有的通风设备仅用一个开关同时启动或关闭；多点控制——在多台通风设备上或实验室里安装开关，只要有其中一台的开关还处于启动阶段，风机还是会处于运行状态。只有所有的开关断开，风机才会停顿。整个通风系统才会处于关闭状态。

优点：减低材料的运用、减少前期的投资；简化通风系统的安装、减少安装空间的需求；维护费用相对减低；多点控制可达到“以人为本”的实验室的理念，便于操作人员根据情况开关所需的设备。

缺点：属于定风量排风，需100%的排风，系统越大，越会浪费大量的能源；管道运作量大，易有噪声大，风量不易于平衡，引出排风量不足的问题；排风量无法控制自如并根据实际所需量而排放。

适用范围：要求不高的理化实验室、准备间、调配室等。

③ 多台通风设备变频+变风量通风控制系统。

实施方式：通风设备例如排毒柜，增加末端控制系统后，排毒柜上方布置一个风速传感器及红外线探测器，测得的排毒柜面风速通过传感器，与事先设定好的合理入口风速值在自动控制器中相比较，控制排毒柜风管上的变风量控制阀，调整排毒柜的排风量，保证拉门处的入口面风速恒定，确保柜内污染物被混合均匀，能彻底排除。红外线探测器的目的是感应排毒柜前面是否有人存在，当有人操作时，排风自动加大，当人离开时，排风自动减小。

优点：采用变频调速，直接调节风量，使无用功减少，提高系统工作效率。变风量末端加传感器控制变频器，比单独采用变频系统在主管加压力传感器控制变频器的控制精度要高得多，变频调速后风机一般以30～45Hz运行，节能达50%～70%以上，频率越低，越节能，一般采用变风量控制系统，三年左右就可以回收成本，运行10年可节约80%的运行费用；实现真正变频软启动，减少电机启动对电网的冲击和对电机本身的危害，提高电机的寿命和系统的寿命；若风机总是处于工频50Hz满速运行，风机的运行质量很低，而采用变频调速后，随风量适时调节频率以调节转速，风机的运行质量将明显提高。

缺点：变频系统由于是很多台通风设备连接在一起，通风系统对房间的高度和管井的大小都有要求，只有高度足够的房间才适用做变频+变风量系统。

适用范围：同一个房间或同时使用的多个房间有很多通风设备，宜采用变频+变风量系统，控制效果最好，节能最多。

2.4.4 噪声控制

为减少通风系统运行中产生的噪声，可采取如下措施：

（1）减震设计。由于大型离心风机运行时振动较大，为使风机运行时，其震动不至于影响周围环境，必须对风机采取减震措施，风机底座采用混凝土基础，在风机底座与混凝土之间采用阻尼弹簧减震器，考虑经济性小型离心风机可用橡胶减震垫减震。

在风机进风口安装软接头，可使风机运行时所产生的噪声和振动不会通过风管传递到各层实验室。

（2）在风机吸风口处加装消声器。当采用玻璃钢离心风机屋顶排风时，需在风机吸风口处加装消声器，消声器是为了降低实验室废气排放系统噪声水平而设计的消声装备，消声器防雨、抗腐蚀，壳体整体采用白色 PP 板材，内部采用消声材料。

2.5 管道系统

实验建筑内各种共用设施管道很多，一般在小型实验室内常见的管道有水管、风管和电线管，在大型实验室或特殊实验室内还有压缩空气、蒸汽、氢气、氧气、真空、蒸馏水、空调、电信网络等管道。工程管网的布置原则是既要保证使用安全，方便安装、检修、改装和增添，又要尽量使各种管线短捷、经济合理和整洁美观。

2.5.1 管道系统的布置方式

各种管网都是由总管、干管和支管三部分组成。总管是指从室外管网到实验室内的管道，干管是指从总管分送到各单元的管道，支管是指从干管连接到实验台和实验设备的管道，各种管道一般是以水平和垂直两种方式布置。

（1）总管管井垂直模式。在建筑物的一端或中间设置管井，总管在管井内垂直布置，在各层由总管分出水平干管，水平干管由一端通到另一端。电话、给水、煤气、空调风机盘管用的供水及回水管等由总管供给，各层的干管在走廊吊平顶上敷设，接到各房间使用。对于普通实验楼改造或低层实验楼，建议采用该模式。

（2）总管技术层水平模式。在实验建筑内设置技术层，水平总管敷设在技术层内，也可设在底层或顶层，总管水平布置，干管垂直布置。设置技术层对管道系统的维护非常方便，该方式在建筑方面的前期投资会相对大。对于新建的高层实验楼，可采用该模式。

（3）支管向下供给模式。支管通过服务柱或柔性供给系统模块从上面给实验室提供服务管道系统，可实现最大的灵活性，避免地上设置供给系统而影响未来发展改造的需要。采用该模式一般要求水柜设在边台而不在中央台，实验台采用灵活式方便移动的标准尺寸实验台，与上面的供给系统模块配套使用，标准尺寸实验台能保证根据新需求随意拼接成标准中央台或边台。该模式适用与科研单位、孵化楼、企业等未来需要不断发展壮大的机构，也是国际上最新的供给模式。

（4）支管向上供给模式。支管沿楼板布置，如果实验台采用岛式布置，支管一般沿楼板下面敷设，有的支管穿过楼板，向上接到实验台。如果实验台的一面靠墙，那么从干管引出的支管可沿墙敷设到实验台。对于沿墙敷设的水平支管，可采用实验台把支管隐蔽起来。该模式适合传统的实验室，由于所有的管道已在地上固定，未来不能随意改动。

2.5.2 管道系统设计的考虑因素

科学合理的管道系统设计，可以最低的成本实现最佳的功能与效果。通常考虑以下因素：

（1）管道系统的布置方式。合理布置垂直输送、水平输送、排放管道和管井的位置，将安装系统的楼层高度降到最低，尽量减少输送和排放管道的交叉次数，降低建筑投资成本。

（2）管道系统的维护问题。预留供维修工作的空间，方便维修管道系统的控制阀门和断路器等关键部件。

（3）管道系统的改变与调整。预留空间和通道以允许对公用服务设施进行改变和增加，以适应实验大楼拓展、发展和更新的需要。

（4）管道系统的效率。尽量使各种管线短捷、经济合理，提升效率，降低运行费用与管道系统的投资费用。

（5）建筑的形象设计。管道系统的设计直接影响建筑物的高度和体量，可采用实验室模块分散式管井，也可采用集中式大型管井，必须结合建筑物的总体形象与实验楼的实际需要，采用美观高效的管道系统。

2.6 环保系统

在化学实验室做实验时所使用的化学药品会产生废气、废液、固体废物，若不妥善处理，将会对环境造成威胁。由于人们的环保意识逐渐增强，对化学实验室的污染问题极其关注。对于实验室废弃物排放频繁、超出排放标准的实验室，必须安装符合环境保护要求的污染治理设施，保证达标排放，严禁直接排放到下水道和室外。因此，实验室设计必须将环保系统考虑在内。

2.6.1 实验室废气

（1）废气的组成与危害。化学实验室室内空气污染物的种类很多，成分复杂，排放具有间歇性，主要空气污染物包括有机气体和无机气体两大类。有机气体包括四氯化碳、甲烷、乙醚、乙硫醇、苯、醛类等。无机气体包括一氧化氮、二氧化氮、卤化氢、硫化氢、二氧化硫等。这些气体直接排放到大气中，会加剧酸雨的形成，造成严重的社会公害。

（2）实验室废气处理方法。目前对气态污染物的处理方法一般可分为湿法和干法两大类，具体需要根据化学实验室废气的特点来选择高效率、低成本的方法：

① 湿法废气处理。采用酸雾净化塔进行废气处理，适于净化氯化氢气体（HCl）、氟化氢气体（HF）、氨气（NH_3）、硫酸雾（H_2SO_4）、铬酸雾（H_2CrO_4）、氰化氢酸气体（HCN）、硫化氢气体（H_2S）、低浓度的 NO_x 废气等水溶性气体，具备净化效果好、结构紧凑、占地面积小、耐腐蚀、抗老化性能好、安装、运输、维修管理方便、设备结构较为

简单、一次性投资少等特点，因而广泛应用于对气态污染物的处理。

酸雾净化塔适应于高层建筑屋面上安装，工作原理是酸雾废气由风机压入净化塔，经过喷雾及填料层，废气与氢氧化钠吸收中和液进行气液两相充分接触发生中和反应，酸雾废气经过净化后，再经脱液层脱液处理，然后排入大气。净化后的酸雾废气可低于国家排放标准。

② 干法废气处理。气体混合物与多孔性固体接触时，利用固体表面存在的未平衡的分子引力或者化学键力，把混合物中某一组分或某些组分吸附在固体表面上的过程。具有吸附作用的固体称为吸附剂，该方法的优点是设备简单，操作方便，易于实现自动控制。但是因吸附剂的物化性能不同，具有较强的针对性，所以处理含不同有害物质的废气须配置不同理化性能的吸附剂，才能起到良好的气体净化作用。如果废气通过吸附剂的时间较短，废气中有害物质的含量过高，废气净化的效果就会不理想。在废气通过吸附介质时，由于气流受固体介质的阻挡作用，须增加风机的功率才能保证通风系统的正常风速。吸附剂需要定期更换或作再生处理才能保证吸收装置的正常运行。所以，该方法在实际应用中需要投入一定的费用和人力，此种方法一般用于有害物质的种类相对稳定且含量较低的废气处理，这样便于采用一种有针对性的吸附剂。

干法废气处理一般采用有机气体活性炭吸附装置，其原理是活性炭具有很多微孔及很大的比表面积，依靠分子引力和毛细管作用，能使溶剂蒸汽和挥发性物质吸附于其表面，又根据不同物质的沸点，用蒸汽将吸附物质析出。当采用蒸汽为解除吸介质时，析出的有机溶剂蒸汽与水蒸气一起通过冷凝器凝结，进入分离桶经分离后回收有机溶剂。

2.6.2　实验室废水

（1）废水的组成与危害。实验室产生的废水包括多余的样品、样品分析残液、失效的贮藏液和洗液、大量洗涤水等。这些废水里面可能包含一些重金属、有毒物质等，直接排入下水道则会腐蚀下水管道和污染土地。

（2）废水的处理方法。一般有物理法、化学法、生物法。物理法主要利用物理作用以分离废水中的悬浮物；化学法主要利用化学反应来处理废水中的溶解物质或胶体物质（表 2-6）；生物法是去除废水中的胶体和溶解的有机物质。上述三种基本处理方法各有特点和适用条件。在废水排入地面水中要按排放要求来确定处理程度，同时应结合水体的自净能力，通常根据有害物质和溶解氧的指标来确定水体的容许负荷，即排入水体的容许浓度。

此外，通过合理布局，让废水处理设施尽量减少占地面积。做好绿化设计，对污水站进行合理的规划，还可使之成为实验室中心的一处景观。

表 2-6　化学法处理废水方法

废液种类	处理方法
酸性	利用碱性废水进行中和，使混合废水 pH 接近中性；在酸性废水中投加中和剂，酸性废水通过碱性滤层过滤中和
碱性	利用酸性废水进行中和，在碱性物质中投放酸性中和剂；向碱性废水中鼓入烟道废气（酸性气体二氧化碳或二氧化硫）；利用水中二氧化碳中和碱性废水

续表

废液种类	处理方法
综合废水	采用“水质均化+中和过滤→中和混凝→置换内电解→生物吸附池→沉淀池和清水池”工艺进行处理。在废水处理中,为了保护 pH 在线控制系统,采用中和过滤技术,保证酸碱废水能稳定达标,并节省了药剂。采用组合式填料实现污泥固定化;消毒处理工段采用先进的臭氧发生器消毒;污泥消化采用脉冲布水器布水实现污泥减量化。该工艺可以对复杂的有机物进行分解,能稳定处理实验废水中产生药剂对废水的影响。并且该工艺运行费用低,管理方便,适应范围广
特殊废水	凡含有放射性核素的废水,应根据核素的半衰期长短,分为长寿命和短寿命两种放射性核素废水,并应分别进行处理。长寿命放射性核素,且放射性浓度又较高的废水,应将废水集中存放,待到一定数量后,采用净化法处理,净化过程中产生的少量浓缩液,可采用固化法处理;短寿命放射性核素废水,应采用贮存法处理;含有放射性核素的废水处理,应符合现行的 GB 8702—2014 的规定;生物安全 4 级和生物安全 3 级实验室的污水,必须进行消毒处理,经处理后,污水应符合《医院污水排放标准》的规定

2.6.3 实验室固体废物

实验室产生的固体废物包括多余样品、分析产物、消耗或破损的实验用品、残留或失效的化学试剂等。这些固体废物成分复杂，涵盖各类化学、生物污染物，尤其是不少过期失效的化学试剂，处理稍有不慎，很容易导致严重的污染事故。

为防止实验室的污染扩散，对实验室固体废物的一般处理原则为分类收集、存放、处理。尽可能采用废物回收以及固化、焚烧处理，在实际工作中选择合适的方法进行检测，尽可能减少废物量、减少污染。废弃物排放应符合国家有关环境排放标准。

2.7 安保系统

安保系统是为了确保实验大楼人员和物品的安全，尤其是对储存有危险化学品的化学实验室，发生物品财产损失是小，如果发生危险化学品遗失，可能造成不堪设想的严重人员伤亡。

2.7.1 智能大楼安保系统

对于实验大楼来说，大楼安保系统应该能够收集和智能分析的信息如图 2-6 所示：

2.7.2 实验室安全防护一般规定

① 实验楼底层的门、窗应采取安全防盗措施。

② 放射性物质贮存场所应设置防盗门窗及报警装置等设施，门口也应贴危险标识。实验室危险标识及注意事项标识可参考图 2-7。

③ 有贵重仪器设备的实验室的隔墙应采用耐火极限不低于 1h 的非燃烧体。

④ 由一个以上标准单元组成的通用实验室的安全出口不宜少于两个。

⑤ 易发生火灾、爆炸、化学品伤害等事故的实验室的门宜向疏散方向开启。

⑥ 凡进行对人体有害气体、烟雾、挥发物质等实验工作的实验室，应设置通风装置。

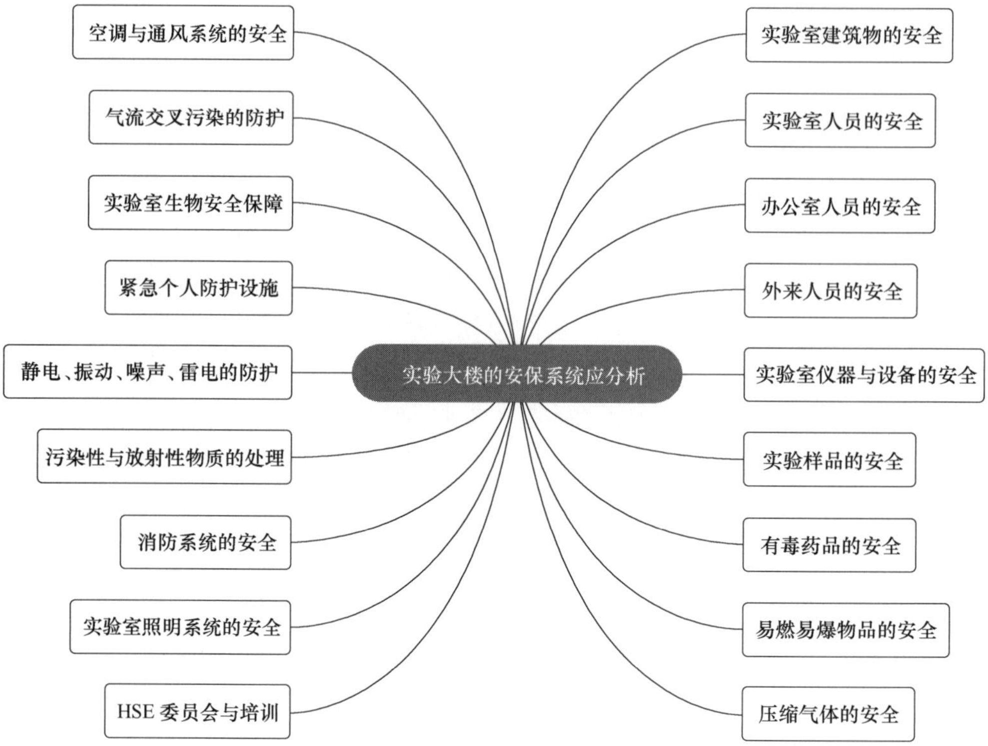

图 2-6　实验楼安保系统收集和分析信息

图 2-7　实验室危险标识及注意事项标识

⑦ 含汞的实验室应设置特制的排毒柜，该类实验室的地面、楼面、墙面、天花、实验台、门、窗等均应采用不开裂、不吸附、不渗漏的材料，并应设有集汞槽、沟、瓶等设施，地面、楼面应有不小于 1%的坡度，地沟、地漏应具有收集散失汞的功能，室内下部应设排风口。

⑧ 凡经常使用强酸、强碱、有化学品烧伤危险的实验室，在出口就近处宜设置紧急

喷淋器及紧急洗眼器，紧急喷淋器及紧急洗眼器的给水管须配置过滤系统，以保证水质的洁净。

⑨ 必须存放少量日常使用化学危险品的实验室，应设置24h持续通风的专用化学品储存柜或排毒柜。

⑩ 放射性同位素实验室的废气、废液、固体废物的处理及处置应符合国家有关规范的规定。

⑪ 所有弱电机房及弱电竖井均就近与强电接地系统相连，并作为局部等电位。接电电阻不大于1Ω，所有弱电系统进出建筑物缆线均应加保护器。

⑫ 对于空调设备、真空泵、给排水设备、空气压缩机等产生高分贝噪声的设备，须集中在一个可控的公共区域内存放，并适当增加隔音设施。

⑬ 生物安全柜不能与排毒柜共用通风系统。

⑭ 实验室门、火灾逃生出口可上锁，但应采用从里向外一推即开的上锁方式。

⑮ 实验室门应有从过道可观察到内部情况的透明窗户。

2.7.3　实验室消防系统

实验室消防系统应采用给水系统与沙箱系统相结合的方式。室内消防给水系统包括普通消防系统、自动喷洒消防给水系统和水幕消防给水系统等。实验室消防标识可参考图2-8。实验楼、库房等建筑物在必要时应设立室外消防给水系统，该系统由室外消防给水管道、室外消栓、消防水泵等组成，应对距消火栓以及消防水池最近处的消防泵进行试压实验。

图2-8　实验室消防标识

仪器室不能用喷水灭火，避免喷水损坏仪器，应就近配备沙箱。灭火器设于走廊内，每个消火栓的控制保护范围15m。通风管道经过防火分区的地方，无论是墙面还是结构楼层，都须配防火闸，防火闸启动后必须可以复位。

每个实验室模块均有热感或烟感火警探头，与中央火警系统连接，配声光报警，最好与当地消防机构联网，消防人员可根据声光报警的信号及时找到火警的位置并马上作出反应，以保证安全。

3　化学实验室的基本设计

顾名思义，化学实验室是展开化学实验的场所。根据其主要功能不同可以分为教学用、科研用两类。除了在其中进行化学实验操作以外，原料的储藏、准备，产物的表征、分析，也是化学实验室不可缺少的组成部分。

在设计化学操作实验室时，按其特性还可分为干性实验室和湿性实验室、主实验室和辅助实验室，不同特性的实验室应按照特定的规范进行设计（表 3-1）。有机前处理室、无机前处理室、化学分析室属于湿性实验室；仪器分析室属于干性实验室；从事分析或研究活动的实验室属于主实验室；气瓶室、天平室、药品室、高温室、洗涤室属于辅助实验室。根据实验性质与工作流程不同，理化实验室可分为有机前处理室、无机前处理室、化学分析室、仪器分析室、气瓶室、天平室、药品室、高温室、洗涤室等。

表 3-1　　化学实验室的分类

分类标准	类型Ⅰ	类型Ⅱ
功能	教学实验室	科研实验室
特性	干性实验室	湿性实验室
使用情况	主实验室	辅助实验室
反应内容	有机化学实验室	无机化学实验室

传统上，化学实验室主要分为有机化学实验室与无机化学实验室，其主要功能为容量分析、常规分析、样品前处理等，根据实验性质的不同可能涉及有毒、易燃、易爆、强酸、强碱等物质，有机实验室与无机实验室既有共性又有差异，有机实验室对防爆及通风的要求比无机实验室更高，通常需要增加防爆柜及桌面通风罩等。

无论上述分类如何，化学实验室都是在人的操作下，活性物质（实验试剂、药品）进行反应的场所。本章论述化学实验室通用的基本设置、设计和装置。

3.1　化学实验室设计

3.1.1　装备配置

实验台、通风反应柜、接通自来水——用于反应的冷凝以及手动清洗玻璃器皿等，无论实验室如何设计，由人操作的实验空间应有上述基础设施。常见化学实验室如图 3-1 所示。

其他实验室中的基础设施有桌面通风罩、万向排气罩、边台、中央台、试剂柜、器皿柜、防爆柜、紧急淋浴器、紧急洗眼器等。

其他常见、常用的实验室基本设备有旋转蒸发仪、酸度计、电热器、搅拌器、离心机、循环水真空泵等。

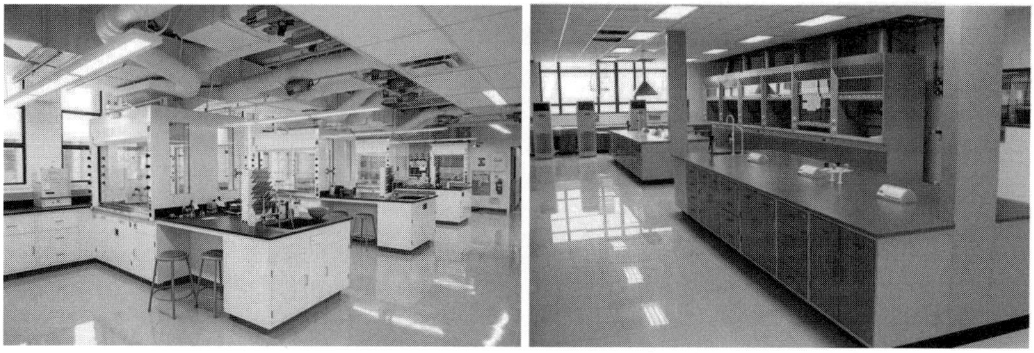

图 3-1 化学实验室示例

3.1.2 规划要求

化学实验室的规划应满足以下标准：

（1）实验室设备配置。常用实验室设备：排毒柜、通风柜、桌面通风罩、万向排气罩、边台、中央台、试剂柜、器皿柜、防爆柜、紧急淋浴器、紧急洗眼器等。

（2）化学实验室模型。化学实验室标准单元组合设计应符合工作流程、设计规范及空间标准的要求，并与排毒柜、实验台及实验仪器设备的布置、结构选型及管道空间布置紧密结合。

（3）实验室规划要求。

① 对于 1/2 单元的化学实验室模型，采用边台，设一个出入口。对于一个标准单元以上的化学实验室模型，可以采用一个以上的中央台，设两个以上的出入口。必须确保出入口通畅，不能出现通道死角。

应当强调 2 点：

a. 实验室的门应从内向外开。

b. 实验台应顺势指向门，而不是横在门前。

这样的设计有以下安全优势：

a. 在紧急情况下，如火灾或化学泄漏，人员需要迅速离开实验室。如果门是从内向外推开的，那么在紧急疏散时，人们可以迅速推开门逃生，而不需要拉门或寻找把手，这可以节省宝贵的时间。

b. 在紧急疏散时，如果门是从内向外推开的，人们可以同时推门离开，减少了在门口的拥堵情况，提高了疏散效率。实验台顺势指向门，便于迅速疏散、而非阻碍逃生。

c. 如果门是从内向外推开的，即使实验室内部发生物品倒塌或有人不小心堆放物品在门后，也不会阻碍门的开启，保证了紧急情况下门的可操作性。

d. 这种设计还可以防止外部人员未经授权进入实验室，从而保护实验室内部的安全和隐私。

上述基本设计理念如图 3-2 所示：

② 对于局部抽风的实验，可采用万向排气罩；对于大量使用挥发性物质或有机溶剂的实验室，必须配备排毒柜或桌面通风罩，排毒柜设在远离出入口且靠近管井的位置。

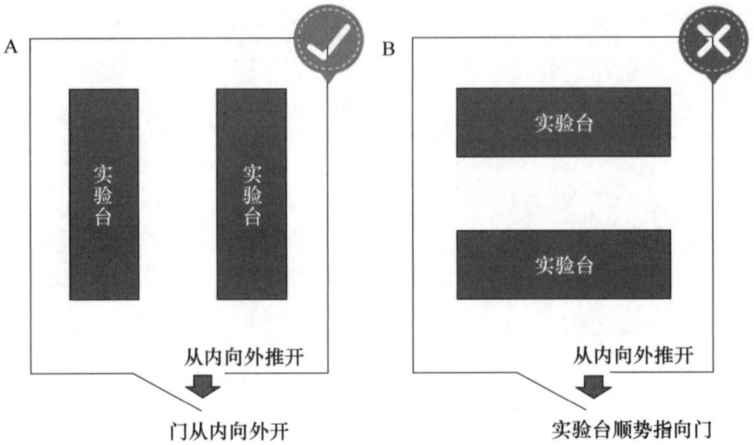

图 3-2　实验室门和实验台的基本设计要求

③ 试剂柜、器皿柜等功能高柜设在靠墙位置，器皿柜应尽量靠近水槽，试剂柜需要设抽风装置。

④ 实验台面要求耐强酸碱腐蚀及耐高温，建议采用环氧树脂台面及环氧树脂水槽。

⑤ 根据实验性质的不同，可选配三口水龙头、纯水水龙头、抽滤水龙头、废液收集桶、垃圾桶、洗瓶器、洗眼器、紧急淋浴器等配件或酸柜、防爆柜等安全储存柜。

⑥ 试剂架可采用磨砂玻璃或玻璃实心理化板等防腐蚀层的钢制试剂架，高度可调节，也可在试剂架上配吊柜。

⑦ 烘箱设置需要远离使用或存储有机溶剂的位置。

⑧ 必须符合（实验区域空间标准）的全部要求。

（4）实验室系统工程。

① 实验室需要良好的通风，用于实验室的通风排毒装置主要有排毒柜、方向排气罩和桌面通风罩，排毒柜、万向排气罩和桌面通风罩的设计要合理，要考虑操作方便也要考虑节能，必要是应设空调。

② 对于排毒柜不多的小型实验室，排毒柜的控制可采用单独控制，即每台风机控制一台排毒柜，在这种排风系统中，单股气流不会和其他气流相互影响，风机关闭也只影响到一个排毒柜，但费用较高以大型的实验室，可采用集中控制，即一台风机控制多台排毒，加装变频或变风量系统，排毒柜不适用时可以减少能耗。

③ 万向排气罩主要设置到操作台上面作局部排气。万向排气罩的排风量较少，一般用集中控制，加装变频器，在万向排气罩不用时关闭抽风口，可降低风机频率达到节能目的。

④ 排毒柜和排风罩不断将室内空气排走，对于不能开窗或排风量大的房间要采用补充新风装置，一般通过新风机补进的新风要占排走的 90%，其余的 10%通过门缝补充，使房间形式成微负压环境，防止室内的有毒物质逸出室外。

⑤ 经常保持实验室的清洁非常重要，室外大气中的尘埃，借通风换气过程会进入实验室，实验内含尘量过高，空气不净，不但影响检查的结果，而且，其微粒在仪器设备的元件表面上，可能造成障碍，甚至引起短路或其他潜在的危险。

（5）实验室装修规范。

① 地面。实验室的地面要求防滑、耐腐蚀、易清洁，可采用防滑陶瓷地砖、PVC 地面或金刚实验室专用地面。

② 隔断。墙面可采用半玻璃墙或落地玻璃墙，半玻璃墙可采用玻璃与彩钢板、玻璃与硅钙板、玻璃与砖墙组合，硅钙板或砖墙部分可喷乳胶漆或贴陶瓷砖，彩钢板要采用玻镁板。

③ 天花板。对于层高较低的实验室，建议不做天花板，对于层高 3.5m 以上的实验室，可采用铝扣板天花板。对于用彩钢板隔断的实验室，天花板用彩钢板。天花板要求简单而且容易清洁。

④ 门。实验室的门可采用钢门、彩钢板门、玻璃门等，用子母门形式，门上装观察窗，门向外开，门禁可设电子门禁系统及警告标识。

3.1.3　安全防护和应急设施

为应对实验室中的突发情况，应在实验室内、门口或周边醒目位置安放紧急处理设施和应急药品箱等，用于紧急情况处理。应考虑以下内容：

（1）样品处理室经常使用到大量酸碱和有机溶剂，万一洒在眼睛或身体上必须马上进行冲洗，因此，必须安装紧急洗眼器、紧急淋浴器及紧急救护药箱。除了外伤消毒和包扎用药和材料，应注意添置紧急处理烫伤的药物。

（2）化学分析实验室必须防火，对于有易燃易爆物品的实验室，电线、照明、插座等都要按防爆设计，设计需要符合消防规范。

（3）实验室有机废气和无机废气分别要求采用炭吸附和水喷淋方式处理后再排放；污水按污水性质、成分及污染的程度可设置不同的排水系统，被化学杂质污染：对人体有害有毒物质的污水应设置独立的排水管道，这些污水经局部处理或回收利用才能排入室外排水管网。

（4）在化学实验室等有供水的实验室，应设置地漏，以防止水管爆裂、水龙头跑水时能够及时排水，防止实验室浸泡，危及仪器设备安全。

（5）对于存放或使用剧毒及危险化学品实验室和贮存间，应采用危险品储存柜，并设置出入口控制装置或视频控制装置。

3.2　试剂的智能储存和管理

化学品的储存与实验室安全紧密相关。天津滨海新区爆炸事故（2015.8.12）、黎巴嫩贝鲁特重大爆炸事件（2020.8.4），就是仓储大量化学品演化成的重大事故。中华人民共和国应急管理部于 2020 年 10 月向全社会公开《中华人民共和国危险化学品安全法（征求意见稿）》，不断推进危险化学品科学管理的立法进程。由于实验所需，实验大楼和实验室也会集中储存化学试剂，其中不乏有毒有害、易燃易爆的危险化学品，若产生燃烧或爆炸会导致人身、财产损失或伤亡。

针对上述情况，中华人民共和国教育部曾严格制定过高校危险化学品安全管理的“五双管理制度”（详见附录三）。通知要求，对于危险化学品中的毒害品，要参照对剧毒化学品的管理要求，落实“五双”，即“双人保管、双人领取、双人使用、双把锁、双本账”。在没有数字化、信息化管理实验试剂的时期，该要求提升了危险药品存用的安全性，同时也提升了使用过程的烦琐性。从某种程度上说，严峻的现实和严格的管理制度推动着实验室数据化管理的必须性和紧迫性。

提升实验室的安全，重在前期预防。2022 年 12 月，中共中央和国务院在《关于构建数据基础制度更好发挥数据要素作用的意见》指出，“数据基础制度建设事关国家发展和安全大局”，对于“公共数据”，应“加强汇聚共享和开放开发，强化统筹授权使用和管理，推动互联互通，打破数据孤岛”。然而在当前，大多数实验室的试剂存储管理仍缺乏高效系统地管理，主要表现在图 3-3 当中的几个方面：

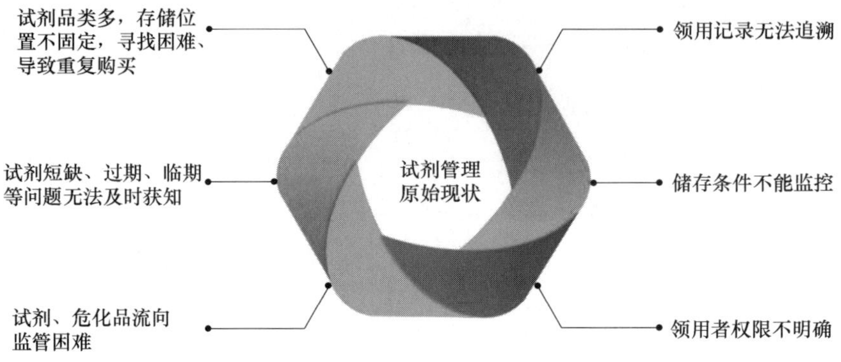

图 3-3　化学实验试剂管理中的常见问题

将实验试剂的“申购—储存—使用—废弃（回收）”全过程采用智能化设备进行全流程管理，通过实验室存储试剂的全流程管控与数据库建立，将有效提升实验试剂取用、存储、安全和实验环境的安全。其实现方式可以分为以下几步（图 3-4）：

① 在管理系统中提交申购信息。

② 得到管理信息标签，贴在购入的试剂外包装上。

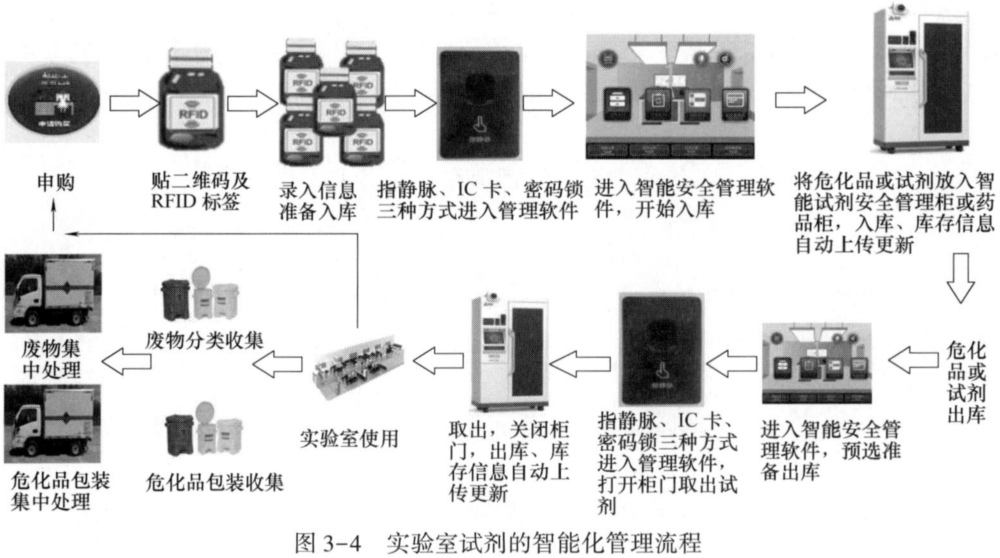

图 3-4　实验室试剂的智能化管理流程

③ 通过生物信息识别取用人及管理权限。

④ 通过智能存储设备装置管理库存量。

⑤ 对废弃物（三废包括废水、废气和固体废弃物）进行规范处理。

试剂的智能化管理依托于智能化的试剂储存柜，图 3-5 展示了实验试剂智能化管理可以使用的设备。图 3-5（a）示意了一种先进的智能储存柜，根据防腐、防毒、防冲击，柜体及气体泄漏声光报警和“五双”双人双锁理念进行设计。由微机控制的主控制柜系统和若干附柜组合的方式组成。主柜集成控制系统、人员权限识别模块、试剂信息识别模块、视频监控模块等单元，可将操作人员、试剂信息、柜体信息系统地管理起来，形成完整的试剂信息管理系统，可实现对试剂的安全管理。

智能试剂管理可采用升级试剂柜的方案，图 3-5（b）示意了一种可显示柜内空气质量、温湿度状况、柜门及耗材报警等信息的智能柜。柜体内部具有空气过滤模块，通过专用过滤器净化对实验人员有害的气体。选用智能层板，可对柜内试剂或样品位置精准锁定到层、孔位，实现自动识别快速存取。通过 RFID 刷卡模块，能有效管控双人双锁流程。通过 PC 端对试剂进行出入柜管理及数据管理。

实验台上的少量试剂也可实现智能、安全存储［图 3-5（c）］。对于易挥发性物质或常规物品，如临时存放的试剂、合成物、配制液、标准品、试管、安瓿瓶、西林瓶等，可应用场景包括各类实验室、户外临时检测及移动检测车等。

对于需采用开放式货架存储的试剂，可以采用智能货架［图 3-5（d）］进行管理。应用 RFID 自动识别技术，通过自主研发的智能软件系统与后台数据库对接，实现对绑定 RFID 电子标签的物品或托盘的智能存取、自动盘点、实时监控等功能。

特种需求的智能试剂柜如防辐射需求，可用对应的智能柜［图 3-5（e）］来实现。可有效实现防辐射、耐腐蚀、抗冲击、耐高温等要求。并可实现柜门双人双锁控制、未关闭异常报警，保障辐射源管理安全。

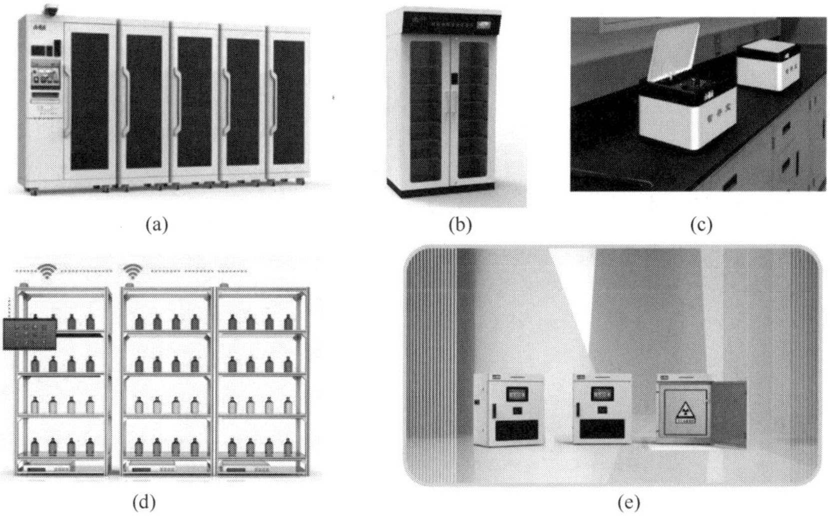

图 3-5　智能化试剂存储柜

（a）联排大型　（b）独立中型　（c）临时样品储存装置　（d）智能货架　（e）防辐射智能柜

（北京晶品赛思科技有限公司）

根据试剂存放的要求和集中程度不同，智能试剂柜的摆放方式可以是集中式［图 3-6（a）］或就近置于相应的实验室内［图 3-6（b）］。

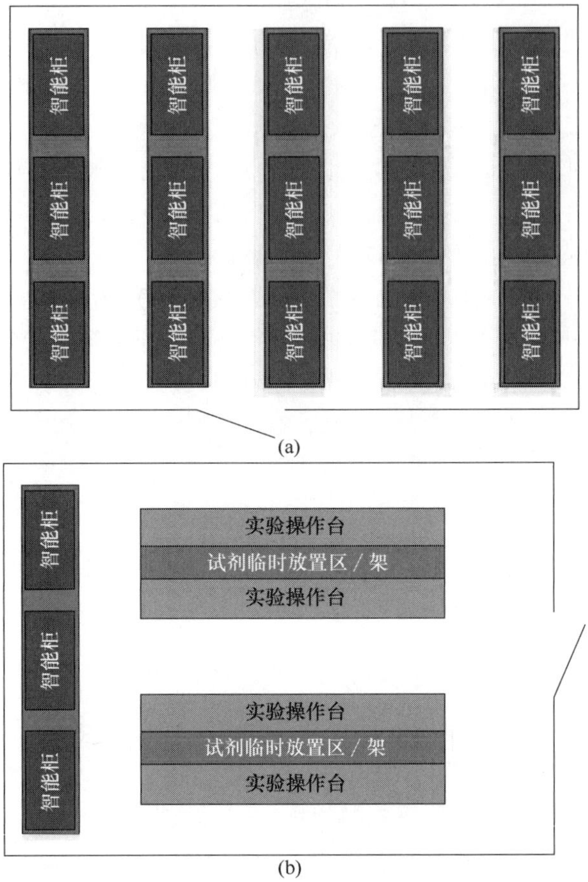

图 3-6　试剂存放方式

（a）集中式　（b）就近式

智能试剂安全管理柜其他要求包括：

① 排风型柜体预留通风口，可与排风管道连接。

② 化学品气味大、危害较大的试剂存放，可用带有军标活性炭过滤器的试剂柜，吸附能力强。过滤器视使用情况定期更换，大风量风扇保证内部空气每分钟循环 4 次或更高，有效解决有害气体对实验人员身体健康的损害。

③ 附近无强电磁场和强热辐射源的地方，应避免日光直射、烟尘及水蒸气的影响。内部环境应经常保持清洁和温度、湿度适宜。室内空气相对湿度应控制在 10%～75%，对于南方潮湿地区建议安装除湿设备。室内温度应控制在−10～30℃。

④ 地面要求坚固稳定，地面平整（最好是水泥底层地面）。设备与墙壁间距应大于 0.2m，以便散热、操作及维修。

⑤ 配电要求：供电：提供稳压、恒流、稳频、抗干扰的电源；电压：AC 220V±10%；频率：50Hz；单台设备需求：三孔国标插座 2A 以上；电源插座上配备安全可靠地线。

3.3 实验室台面与配件

3.3.1 实验室台面的发展

在实验室领域里，实验室台面在实验室用具中占有十分重要的地位。实验室台面经历了从最原始的民用瓷砖贴面、民用防火板、天然石材、贴面理化板、实心理化板，到专业化的不锈钢、工业陶瓷、环氧树脂板等创新变革。表 3-2 归纳了不同类型实验台面的特点。20 世纪 90 年代后，环氧树脂成为实验室专用台面材质，性能优越，成为实验室台面的主流产品。将实验室安全放在首位，环氧树脂实验台面则是安全可靠的首选。

表 3-2　实验室台面的分类与特点

实验室台面	特点
贴面理化板台面	对 65%硝酸、98%硫酸、60%铬酸、48%氢氟酸、苯酚有不同程度的耐受度，耐高温能力差，表面破损后内部不耐腐蚀，不能修复
大理石台面	台面耐磨、不变形，易清洁。不适合接触试剂，不耐酸
实心理化板台面	表面耐化学试剂腐蚀、防静电等特点；可在温度−50～140℃环境下使用。表面破损后内部不耐腐蚀，不能修复
不锈钢台面	无毛细孔，无细菌残留，拉伸强度好，易清洁，抑制细菌生长。抗腐蚀性能不好，不适合用于化学实验室
陶瓷台面	耐腐蚀，容易清洁，耐冲击、耐刮、耐火、耐高温，承重好，抗老化
环氧树脂台面	抗化学试剂、抗菌、抗冲击、不导电、易清洁、耐磨、防潮、抗紫外线、自灭火焰、一体成型、不脱层、不膨胀、不含石棉、耐高温、可翻新、无缝拼接，外观性能及综合性能好

3.3.2 实验室对台面的要求

每个实验室的设计都会对台面板有独特的要求，根据实验室的不同类型，下列为一般必须考虑原则和台面功能要求：

① 湿性实验室。应特别着重于台面板的防化学腐蚀性能，易于清洗，颜色适中，承重性，抗磨损性以及耐热性。

功能要求：a. 抗化学试剂；b. 易去尘；c. 颜色均一；d. 耐磨损；e. 抗高温；f. 抗振荡。

② 干性实验室。应特别着重于承重性，抗磨损性，抗冲击力以及耐热性。

功能要求：a. 承载重物；b. 耐磨损；c. 抗冲击；d. 抗高温。

③ 辅助实验室。着重于对温度的要求，也有其他类型的实验室，在很多实际情况中，许多实验室非单一性而可能为上述各种类型的组合。为了安全起见，评估台面板的需求须基于对实验室中环境最恶劣区域的考虑，特别是通风柜和水槽区域等。

功能要求：耐高温。

3.3.3 安全设备

表 3-3 列出了主要安全设备的名称和用途。

表 3-3　　安全设备名称及用途

编号	名称	用途
1	紧急冲淋洗设备	安装在台面或墙壁上,用于紧急清洗眼睛
2	万向抽气罩	排除有害气体、烟雾及粉尘
3	原子吸收罩	用于实验室排风,性能稳定,抗腐蚀性强
4	急救箱	包含灭火器、灭火毯、防毒面具、急救药等,对于生物安全实验室,还要配备血清等

3.4　实验室建筑模块与空间标准

实验建筑与普通建筑不同，采用合理的实验室模块，可大大提高实验建筑的面积使用率，降低建造成本与运行成本。

3.4.1　实验室单元模块

（1）实验室单元模块平面尺寸。实验室单元模块是实验室设计的基础，实验室单元模块的宽度一般为 3.5~4.0m，深度为 7.0~8.0m，个别实验室小于 6.0m，深度以实验室所必需的尺寸和结构系统的成本效益为基础。假如模块太宽，建筑的使用面积比率将不能达到它应有的效率，建筑成本将会增加；假如实验室模块太窄，结果要么是过道太窄，创造一种不安全的实验环境，要么只有一面墙上有工作台的空间，降低使用率。

（2）实验室单元模块高度尺寸。因实验室需要预留供给系统管道而导致楼层高度比普通建筑物高。不同的实验室对实验室高度的要求不同。

（3）实验室单元模块组合。不同类型的实验室对空间有不同的要求，大型实验室可以由两个或三个实验室单元模块组合而成，创造双向都合理的实验室模块，既扩大实验室使用空间，又有利于适应不同长度的工作台布置。

在设计实验室组成模块时，根据规划面积和用途等限制条件，进一步结合实验大楼设计之初由各学科顾问团队所提出的建议和意见。

3.4.2　实验楼层平面模块

表 3-4 展示了四种典型的实验楼层平面模块，适合一般实验建筑的设计，可根据实际情况在其基础上进行改变。

表 3-4　　四种典型的实验楼层平面模块

模块编号	设计理念
Ⅰ	主实验室和辅助实验室分别设置在通道的两旁,这样的设计避免因为辅助实验室的设置而影响整体设计的灵活性
Ⅱ	通道两旁分别设置主要实验室,一边只有主实验室,另一边设置了主实验室和辅助实验室,主实验室设置在通道的外侧,辅助实验室设置在通道的内侧,辅助实验室的深度比主实验室的深度浅
Ⅲ	通道两旁分别设置了主实验室和辅助实验室,连在一起,主实验室在外部,辅助实验室在内部,辅助实验室的深度比主实验室的深度浅
Ⅳ	在主实验室与辅助实验室之间设置了两条通道,辅助实验室设置在两条通道之间,主实验室设置在两条通道的外侧,辅助实验室的深度比主实验室的深度浅

3.4.3 实验楼立体模块

实验楼立体模块是指将实验室单元模块与建筑每一层的实验室走廊布置结合在一起，可以在某一层具有单走廊布置，在另一层具有双走廊的布置，所有的竖向通道包括防火楼梯、电梯、卫生间和公用管道竖井充分协调，管道系统协调到顶棚中去以配合多走廊的布置。

3.4.4 实验室建筑的布局

实验建筑由实验用房、辅助用房及行政用房组成。实验用房是指用于实验、检测、研究的各种功能实验室区域；辅助用房是指机房、冷库、危险品仓库、中心供应室等为实验用房提供支持保障的区域；行政用房是指工作人员办公与对外业务往来的区域。各种区域对建筑环境的要求各不相同，对实验建筑的策划必须做到布局合理、分区明确、流程顺畅、互不干扰、安全健康，可分为集中布局与分散布局：

① 集中布局是指实验用房、辅助用房及行政用房集中设置在一个建筑物内，方便团队沟通与管理。

实验用房一般置于实验楼上部，其他用房置于实验楼下部。如果实验用房包含不同性质的实验室，在实验楼中自上而下应按毒理、理化、微生物依此布置，以便合理设置工程管网，同时有利于有毒有害气体的排放。对于容易造成交叉干扰又难以有效隔离的实验室，不能放在同一楼层内。

② 分散布局模块是指实验用房、辅助用房及行政用房分别设置在不同的建筑物内，便于满足不同实验对水电、通风、洁净等环境要求及对人流、物流合理安排的工艺要求。

3.4.5 实验室建筑面积分配

实验建筑工程建设用地必须坚持科学合理和节约用地的原则。在总体布局上，建筑物应尽量相对集中，形成建筑群，实验建筑的层数应以建多层为主，实验建筑工程的规划建设用地指标包括建筑物、构筑物、露天堆料场、道路和绿化等用地。

① 实验建筑组合类型。第一类以低层为主，建筑覆盖率控制在25%~27%；第二类以高层为主，建筑覆盖率控制在23%~25%；第三类为低层和高层结合，建筑覆盖率控制在21%~23%。根据实验建筑工程的特点和要求的不同、规模的大小及建设地段的不同，建在大城市的中心地段、近郊及规模较大的实验建筑宜选择第二类、第三类，建在大城市远郊、中小城市及规模较小的实验建筑宜选择第一类、第二类。

② 实验用房面积。对实验建筑应合理安排实验用房、辅助用房和行政用房的建筑面积，做到功能分区明确、联系方便、互不干扰。

3.4.6 实验室区域空间标准

实验室区域各部分的空间标准如表3-5所示。

3.4.7 辅助区域空间标准

实验室辅助区域的空间标准如表3-6所示。

表 3-5　　实验室区域的空间标准

编号	区域及物品	要求
1	室内净高	常规实验室和研究工作室的室内净高：当不设置空气调节时，不宜低于 2.70m；设置空气调节时，不应低于 2.40m。走道净高不应低于 2.20m。专用实验室的室内净高应按实验仪器设备尺寸、安装及检修的要求确定
2	开间	常规实验室标准单元开间应由实验台宽度、布置方式及间距决定。实验台平行布置的标准单元，其开间不宜小于 6.60m
3	进深	常规实验室标准单元进深应由实验台长度、通风柜及实验仪器设备布置决定，且不宜小于 6.60m，无通风柜时，不宜小于 5.70m
4	窗	设置采暖及空气调节的科学实验建筑，在满足采光要求的前提下，应减少外窗面积。设置空气调节的实验室外窗应具有良好的密闭性及隔热性，且宜设不少于窗面积 1/3 的可开启窗扇 底层、半地下室及地下室的外窗应采取防虫及防啮齿动物的措施
5	门	由 1/2 个标准单元组成的实验室的门洞宽度不应小于 1m，高度不应小于 2.10m。由一个及以上标准单元组成的实验室的门洞宽度不应小于 1.2m，高度不应小于 2.10m。有特殊要求房间的门洞尺寸应按具体情况确定。实验室的门扇应设观察窗
6	设备间距	当靠一侧墙改为布置排毒柜或实验仪器设备时，其与另一侧实验台之间的净距不应小于 1.80m 一个标准单元组成的常规实验室，靠两侧墙布置的边实验台与房间中间布置的岛式或半岛式中央实验台之间的净距不应小于 1.50m 布置排毒柜或实验仪器设备时，其与实验台之间的净距不应小于 1.80m。实验台的端部与走道墙之间的净距不宜小于 1.20m
7	实验台	常见的实验台有岛式或半岛式中央实验台，边实验台。不宜贴靠有窗外墙布置边实验台，岛式或半岛式中央实验台不宜与外窗平行布置。必须与外窗平行布置时，其与外墙之间的净距不应小于 1.30m
8	排毒柜	两台排毒柜对放时建议空间 3.0m，排毒柜与中央台最小建议空间 1.80m，排毒柜与对墙的建议空间 1.80m，排毒柜应留有 1.0m 的非干扰区及建议 1.0m 的走道。 排毒柜与墙壁的距离 0.30m，排毒柜侧对门开建议最小空间 1.0m，排毒柜正对门摆放最小距离 1.80m，人背对门操作排毒柜最小距离 1.50m

表 3-6　　实验室辅助区域的空间标准

编号	区域及物品	要求
1	走廊	单面布房最小净宽不应小于 1.30m，单走道双面布房最小净宽不应小于 1.60m，走廊地面有高差时，当高差不足二级踏步时，不得设置台阶，应设坡道，其坡度不宜大于 1∶8
2	楼梯	楼梯设计必须符合国家现行的建筑设计防火规范的规定。经常通行的楼梯，其踏步宽度不应小于 0.28m，高度不应大于 0.17m。四层及以上的科学实验建筑宜设电梯
3	更衣间	科学实验建筑宜设更衣间，每人使用面积不宜小于 0.60m^2，且应设更衣柜及换鞋柜。可采用集中式、分散式或两者结合的布置方式
4	采光	常规实验室、研究工作室宜利用天然采光，房间窗地面积比不应小于 1∶6。利用天然采光的阅览室窗地面积比不应小于 1∶5

续表

编号	区域及物品	要求
5	隔声	常规实验室、学术活动室允许噪声级不宜大于 55dB；研究工作室、阅览室允许噪声级不应大于 50dB。产生噪声的公用设施等用房不宜与实验室、研究工作室、学术活动室及阅览室贴邻，否则应采取隔声及消声措施
6	隔振	产生振动的公用设施等用房不宜与实验室、研究工作室、学术活动室及阅览室贴邻，且宜设在底层或地下室内，其设备基础等应采取隔振措施。设在楼层或顶层的空调机房、排风机房等，其设备基础等应采取隔振措施

3.5 通用辅助实验室

3.5.1 气瓶室

前文已经略述过气瓶的放置方式，本节进一步说明气瓶室内的设计要求。气瓶室存在可燃性气体和不可燃性气体，属于精密仪器室，是集中供气系统的一个很重要的功能房间。通过减压阀、气体管道等向各仪器提供各种气体，降低了把气瓶放在实验室内存在的安全隐患，实现安全性、便利性、管理科学的目的，同时也符合实验室未来的发展。由于气瓶间的特殊性，在实验室建筑设计的初期，就要充分考虑到气瓶间的设置问题，气瓶室设计的考虑因素如下：

① 气瓶室中包含气体钢瓶、气瓶柜、各种气体减压阀、排风装置、气路系统等，同时必须安装防爆开关、灯具和声光报警装置。

② 气瓶间应远离火源、热源以及有腐蚀性的环境。另外，不易离被供气仪器远，否则供气不稳定且浪费气体。

③ 将可燃性气体室和不可燃性气体室分开设立。

④ 空瓶与实瓶分区放置，气瓶应专瓶专用，不能随意改装其他种类的气体。

⑤ 典型的实验室气瓶柜如图 3-7 所示。

图 3-7 供气柜

3.5.2 天平室

天平室属于公用的辅助实验室，宜设在人流少且方便工作的地方，要求防震、防尘、防风、防腐蚀、防潮、温度湿度相对恒定。最好将药品室、高温室设计在天平室相邻的位置，符合取药品、干燥、称量的工作流程，图 3-8 展示了一间天平室。

天平的温度和湿度要求：

① Ⅰ级精度天平，应工作在 (20±2)℃，温度波动不大于 1℃/h，相对湿度不大于 80%的环境中。

② Ⅱ级精度天平，工作温度应在 13~27℃范围内，温度波动不大于 3℃/h，相对湿度不得大于 85%。

③ Ⅲ级，Ⅳ级天平，工作温度为 5~35℃，温度波动不大于 5℃/h，相对湿度不大于 85%。

图 3-8 天平室（西华大学化学实验中心）

3.5.3 高温室

高温条件下处理样品需要较高的电源功率，此外由于大量散热的原因，对实验环境中的控温也有要求。集中放置高温处理设备便于统一管理实验区域的供电、通风和环境制冷等。

高温室的主要设备为烘箱、马弗炉、管式炉等设备（图 3-9），配备高温台，高温台要求承重、耐高温，一般用钢制柜体配大理石台面，根据放置的烘箱、马弗炉等设备数量与功率，配备满足大功率需求的电气配件。高温台深度一般为 750mm，长度根据场地尺寸而定，高度为 500mm，方便存取烘箱内的物品。

烘箱　　马弗炉　　管式炉

图 3-9 常见高温设备

3.5.4 洗涤室

洗涤室用于洗涤器皿，除了少量的玻璃器皿在实验室就地洗涤，可在实验大楼设置统一的洗涤室，有条件的实验大楼可以每层配置一间。在洗涤室中，配置若干自动化清洗设备（图 3-10）。当实验完成后，操作者将容器进行预处理（产物分离、溶剂回收、无毒化处理等）后，统一送至洗涤室相应的自动清洗机/柜当中集中处理。自动化容器清洗的优点在于节省操作者的工作时间、清洗过程标准化、便于废水的统一收集和处理等。

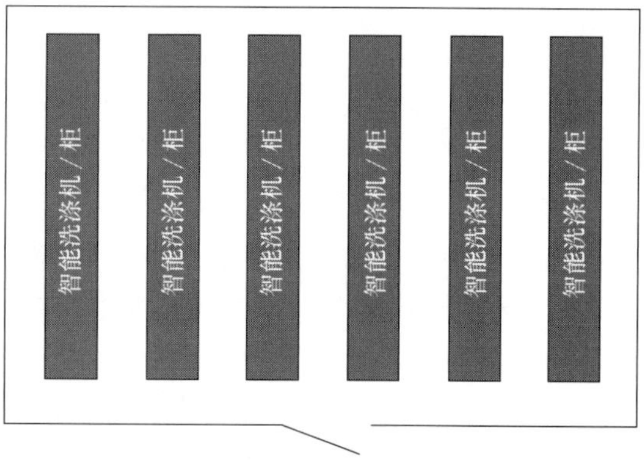

图 3-10　洗涤室布局设计

3.5.5　真空反应室

真空反应最广泛采用的仪器是真空手套箱（图 3-11），它是将高纯惰性气体充入箱体内，并循环过滤掉其中的活性物质的实验室设备，也被简称为手套箱，或称为惰性气体保护箱、干箱等。手套箱主要对 O_2，H_2O 和其他有机气体进行清除。广泛应用于无水、无氧、无尘的超纯环境，如锂离子电池及材料、半导体、超级电容、特种灯、激光焊接和钎焊等领域。

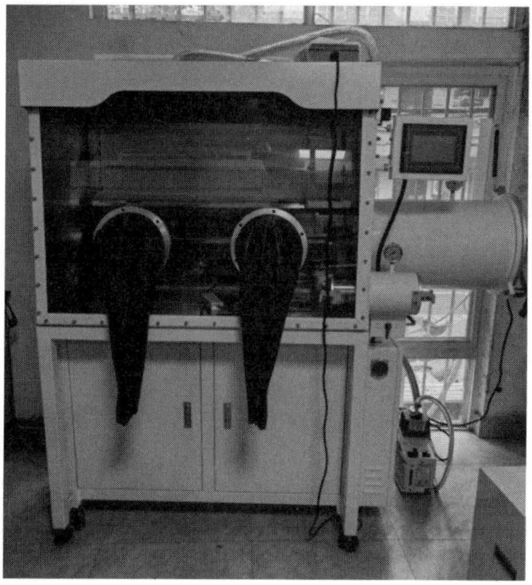

图 3-11　真空手套箱（西华大学化学实验中心）

在使用手套箱时需要用到的气体为高纯度惰性气体，如氩气（Ar）、氮气（N_2）、氦气（He）。人长时间处于高纯度的惰性气体中，会影响人的健康。集中摆放手套箱有利于集中管理相关气体和处理相似情况。

集中存放手套箱的空间应确保设备和气源的密封性，为此应注意以下事项：

① 再生出气管道通到室外或接入通风管道内。

② 真空泵排气口通到室外或接入通风管道内。

③ 房间处于干燥通风状态。

④ 平时注意气体使用量，避免泄漏。

3.5.6　无菌反应室

（1）无菌实验室基本要求。为了避免诸如操作人员鞋底尘土等直接带入细菌，无菌实验室一般被进一步分隔为几个亚室：

① 准备室。准备室用于配制培养基和样品处理等。室内设有试剂柜、存放器具或材料的专柜、实验台、电炉、冰箱和上下水道、电源等。

② 洗涤室。洗涤室用于洗刷器皿等。由于使用过的器皿已被微生物污染，有时还会存在病原微生物。因此，在条件允许的情况下，最好设置洗涤室。室内应备有加热器、蒸锅，洗刷器皿用的盆、桶等，还应有各种瓶刷、去污粉、肥皂、洗衣粉等。

③ 灭菌室。灭菌室主要用于培养基的灭菌和各种器具的灭菌，室内应备有高压蒸汽灭菌器、烘箱等灭菌设备及设施。

④ 无菌室。无菌室也称接种室，是系统接种、纯化菌种等无菌操作的专用实验室。

在微生物工作中，菌种的接种移植是一项主要操作，这项操作的特点就是要保证菌种纯种，防止杂菌的污染。在一般环境的空气中，由于存在许多尘埃和杂菌，很易造成污染，对接种工作干扰很大。

（2）无菌实验室的灭菌消毒。

① 熏蒸。这是无菌室彻底灭菌的措施。无菌室使用了较长时间，污染比较严重时，应进行熏蒸灭菌。可用甲醛、乳酸或硫黄熏蒸。

② 喷雾。在每次使用无菌室前进行。喷雾可促使空气中微粒及微生物沉降，防止桌面、地面上的微尘飞扬，并有杀菌作用。可用5%石炭酸喷雾。

③ 紫外线照射。在每次使用无菌室前进行。紫外线有较好的杀菌效果。通常应开启紫外线灯照射30~60min。

（3）无菌实验室工作规程。

① 无菌室灭菌。每次使用前开启紫外线灯照射30min以上，或在使用前30min，对内外室用5%石炭酸喷雾。

② 二次灭菌。用肥皂洗手后，把所需器材搬入外室，在外室换上已灭菌的工作服、工作帽和工作鞋，戴好口罩，然后用2%煤酚皂液将手浸洗2min。

（4）无菌实验室设计依据。根据《生物安全实验室建筑技术规范》（GB 50346—2011）、《实验室生物安全通用要求》（GB 19489—2008）、《微生物和生物医学实验室安全通用准则》（WS 233—2002）、《洁净厂房设计规范》（GB 50073—2013）、《采暖通风和空气调节设计规范》（GB 50019—2003）的规定，专门针对人体、动植物或环境具有中等危害或具有潜在危险的致病因子，对健康成人、动物和环境不会造成严重危害，具有有效的预防和治疗措施，而建立的生物安全实验室。

3.5.7 试验机与制模室

具有一定研究经验的科技工作者深有体会：现成的仪器、容器、模具等很难完全满足开展探索性科研工作的需要，通过自己动手改装、改造设备，或设计制作模具和容器是推动研究进展的必要手段。因此，建立具有自制、改装功能的设施设备并归置于同一区域，形成试验机与制模室。该实验室的设置，也有助于提升科研人员的动手能力，在处理一些设备的小故障时可以自己动手迅速解决。

除了维修用工具、物料原料以外，本室的基本设置要求应包含以下几点：

① 实验室空间一定要大于试验和制膜所需的机器设备本身的尺寸。

② 实验室的温度计湿度一定要控制在一定的范围内，如果没有特殊要求，所有材料力学检测标准中规定的都为室温10~35℃，相对湿度不大于80%。

③ 仪器安装时所处位置的地面必须平整和稳固，如果不平整，那么设备必然会产生一定的倾斜，那么夹具体的上下夹具就不能保持同轴度，会对实验结果产生很大的影响。

④ 仪器在的实验室不能存在震动的现象，如果在做实验时，震动的产生会对试验数据产生影响，并且长时间处于这种情况下，会导致传感器，编码器等的灵敏度。

⑤ 实验设备周围不能存在腐蚀性的介质。

⑥ 实验室内电源电压要稳定，不能波动太大，通常波动的控制范围不应超过电压的±10%。

3.6 实验室标识

实验室标识在实验室质量管理过程中主要起以下作用：实验室功能或区域管理、指引、警示或禁止提示、标识或说明等。

3.6.1 功能或区域标识

将办公室和各类的实验室检测区、服务功能区等功能区域分开，以方便管理。实验室楼层标识，起着实验室区域及指引作用。

建议在大楼规划设计时即寻找专业团队进行统一风格的设计，避免重复和反复张贴，也能与实验室的设计理念和风格融为一体。

图 3-12 生物危险标志

3.6.2 生物危险标志

在二级以上的生物安全防护实验室的入口明显位置处必须贴有生物危险标志，并加以标明（图 3-12）。如应明确标示出操作所接触的病原体的名称、危害等级、预防措施负责人姓名、紧急联系方式等，同时应标示出国际通用生物危险符号。

所有盛装传染性物质的容器表面明显位置处必须贴有生物危险标志，并按所有生物安全防护实验室的级别标明相同的级别。

3.6.3 放射性物品警告标识

在生产、使用、储存、运输放射性物质的场所、运输工具、包装容器、含有放射性物质的设备和装置，都必须使用放射性警告标识（图 3-13）。

图 3-13 放射性警告标识

3.6.4 危险有毒警示标识

① 警示牌样式如图 3-14。

② 毒物、腐蚀警告标识如图 3-15。

图 3-14 危险警示牌

图 3-15 安全警告标识

4 产物分析实验室设计

近年来，随着各地、各高校科研院所科技投入力度的不断加大，高精尖仪器设备不断增多。由于历史原因，原有的实验室设计或已经接近其安全使用年限，从而新增了安全隐患。在实验室新建以及改造过程中以安全性和方便性作为评估标准，进行分区设计，并配置合理的管理，能够增加实验室的安全寿命以及实验人员的工作安全性。在新增的安全隐患中，化学实验室测试仪器分类安置不明确是一个重要问题。近年来，由于科研人员和承担课题量的增加，不少实验室在缺乏规划和没有改造的情况下引进新的仪器设备。同时增加了实验室的用电载荷。然而，如果没有合理的设计和规划，容易出现安全隐患。

化学反应创造了新分子、新物质，对于得到的产物，需要精细的分析手段来了解其真实结构。此外，对于某些大分子产物，可直接应用于某些场景，即为材料。基于大分子与小分子产物的上述差异，本章设计逻辑为：共性分析、小分子产物分析、大分子产物加工、大分子基材料分析。

4.1 波谱分析室

4.1.1 波谱分析的基本原理

（1）电磁辐射的基本概念。电磁辐射（电磁波）是以接近光速（真空中为光速 c）沿波前方向传播的交变的电场（E）和磁场（B），它可以对带电粒子、电和磁偶极子施加电、磁作用力。电磁辐射具有波动性和微粒性，即波粒二象性。在讨论与电磁辐射传播有关的现象，如电磁波的衍射、干涉、偏振等现象主要表现其波动性。在讨论电磁辐射与物质相互作用时，可以把电磁辐射看成是一束从光源射出的能量子或高速运动的微粒子，这种能量子也称光量子或光子。电磁辐射与物质相互作用的现象如电磁辐射的吸收和发射主要表现其微粒性。

电磁辐射的基本规律为下列公式：

$$c = \lambda\nu \tag{4-1}$$

$$E = h\nu \tag{4-2}$$

其中，c 为光速，λ 为波长，ν 为频率，E 为能量，h 为普朗克常数。

（2）电磁辐射与物质之间的作用。电磁辐射范围包括了由射线到无线电波的所有范围，相互作用的方式包括了发射、吸收、反射、折射、散射、干涉、衍射等，并通过用波长、频率、波数、强度等参数来进行表征。各种电磁辐射的能量与物质的作用类型如表 4-1 所示。电磁辐射按波长顺序排列称为电磁波谱，由图 4-1 可见，物质吸收或发射不同范围的能量（波长），引起相应的原子或分子内能级跃迁，据此建立了各种光波谱分析方法，如紫外-可见吸收光谱分析、红外光谱分析、核磁共振波谱分析、X 射线光谱分析等物质能够选择性吸收特定频率的辐射能，从基态或低能级跃迁到高能级，并可以再通过光的形式将吸收的能量释放出来，跃迁回到低能级或基态。此外，光作用于物质时，还可发生折射、反射、衍射、偏振及散射等。

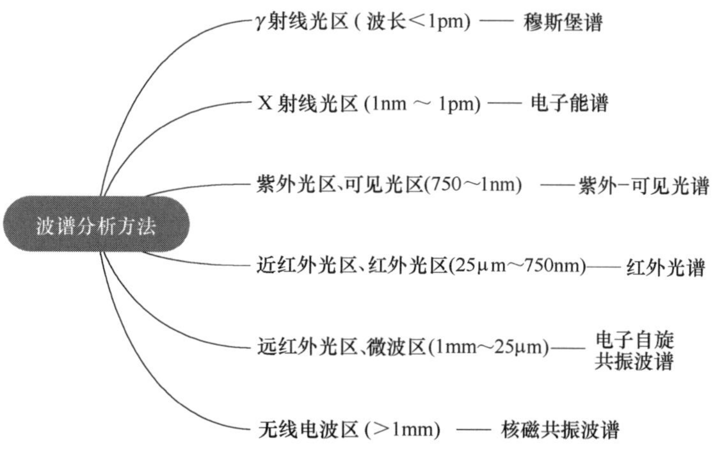

图 4-1　电磁波谱及对应的波谱技术

（3）波谱的产生。物质是由一些同类微粒组成（原子、分子、离子），这些粒子处于不同的能级上，处于较低能级的粒子可以吸收电磁辐射而跃迁到较高能级上。由此，入射样品的波谱会产生“缺失”，所记录的结果为“吸收光谱”；吸收光子能量的物质不稳定，还会释放出光子，所记录的结果为“发射光谱”。上述过程经由受激吸收、自发辐射与受激辐射 3 种基本过程完成（图 4-2）。

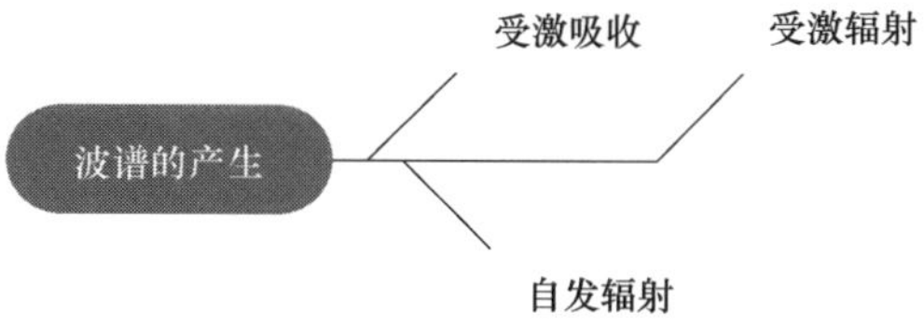

图 4-2　波谱的产生过程

基于上述原理差异，可以分为两类光谱分析方法（图 4-3）：

另一种分类方法将光谱分为“原子光谱”和“分子光谱”：原子光谱是由原子外层价电子在受到辐射作用后在不同能级之间的跃迁吸收或发射光量子时产生的光谱，每条谱线代表了一种跃迁。通过分子内部运动，化合物吸收或发射光量子时产生的光谱称为分子光谱。一般来讲，分子光谱远比原子光谱复杂，原子光谱通常为线状光谱，而分子光谱为带状光谱。基于上述标准，也可以分出两类光谱分析方法（图 4-4）：

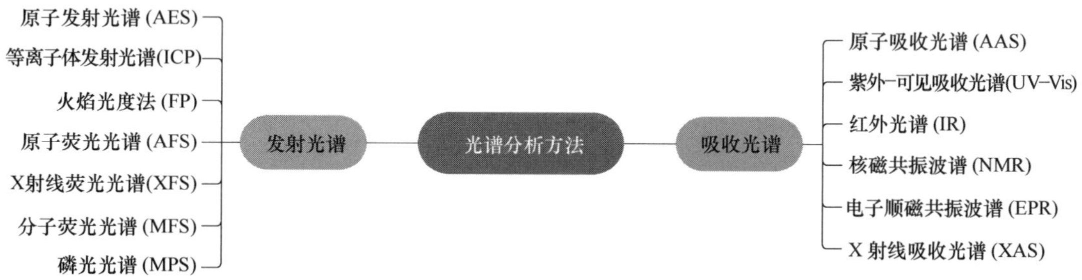

图 4-3　光谱分析方法的分类：发射与吸收

图 4-5 展示了一台使用中的荧光光谱仪。

4.1.2　分离分析

分离分析，即“分离+分析”，是利用混合物中各组分不同的物理或化学性质，采用

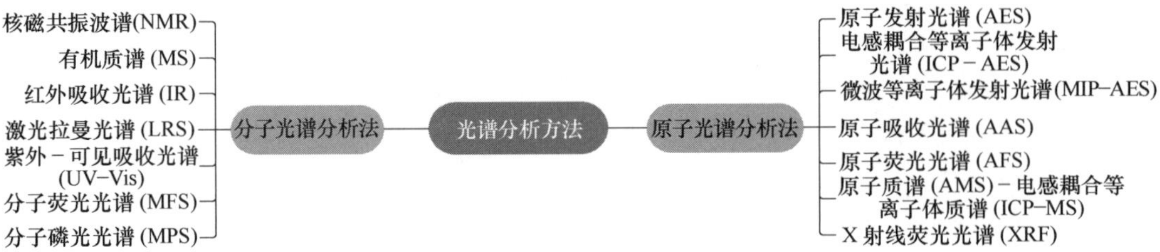

图 4-4　光谱分析方法的分类：原子光谱与分子光谱

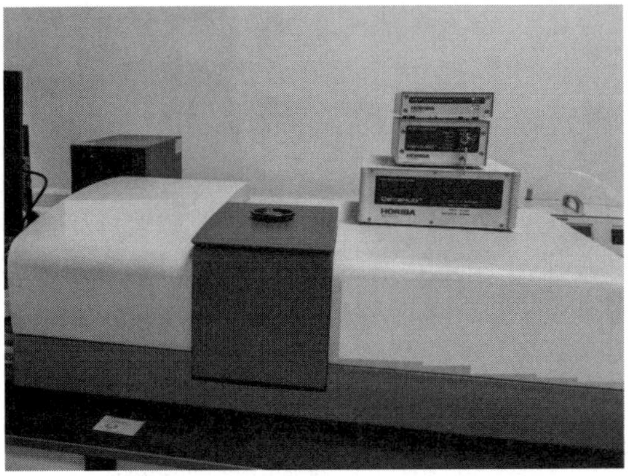

图 4-5　荧光光谱仪（西华大学化学实验中心）

化学手段或各种色谱方法来达到分离的目的。分离后的组分随即进行定性或定量分析，有的设备可实现分离和测定同时进行，即“联用”。分离分析极大地促进了化学工作者的科研工作。

各种色谱法是现代分析化学中最重要的分离分析方法，其原理是混合物中不同组分在流动相和固定相间具有不同的分配系数，当两相作相对运动时，这些组分在两相间的分配反复多次，从而产生很大的分离效果，使它们得以充分分离。

20 世纪 50 年代兴起的气相色谱、60 年代发展的气质（GC-MS）联用技术、70 年代崛起的高效液相色谱、80 年代初出现的超临界流体色谱、80 年代末迅速发展的毛细管区带电泳，使色谱分析一直充满活力，迅速发展。色谱分析法包括气相色谱、液相色谱、离子色谱、超临界流体色谱、薄层色谱、毛细管电泳及场流分级分离方法等（图 4-6）。

（1）气相色谱（Gas Chromatography，GC）。GC（图 4-7）是应用面最广和最普及的一种分离技术。除了大分子量（相对分子质量>2000）化合物，其他如环境中的有害有机污染物、生理过程中医药及其代谢物、超纯物的杂质等以外，气相色谱的应用研究仍有值得重视的动向。由于气相色谱易于与其他样品预处理技术结合，使它在痕量物质的分离分析中具有举足轻重的作用。

（2）高效液相色谱法。在已知化合物中 70%以上为不挥发性化合物，可以简便地采用液相色谱分离。在生命科学中多肽、蛋白质及核酸等生物大分子的分离分析以及制备提纯方面，高效液相色谱（High Performance Liquid Chromatography，HPLC）已成为最活跃的研究领域。在色谱柱及固定相研究方面，高效微型柱、毛细管柱、各种手性固定相、

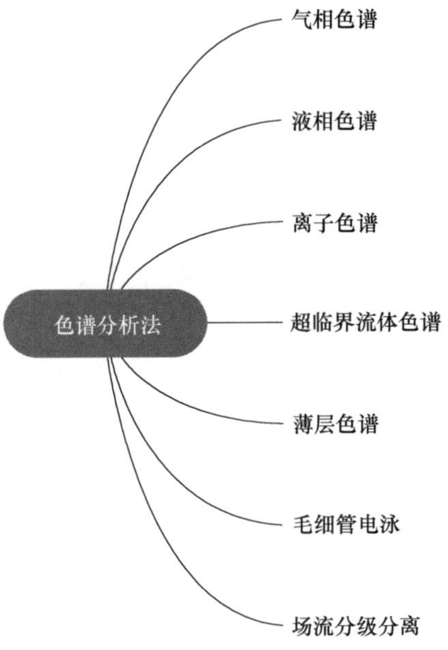

图 4-6　色谱分析的主要方法

分离蛋白质专用柱相继出现。通用的检测器一直在探讨中，在光谱检测中，光学多道图像检测器将会得到更多的研究及应用；光二极管阵列检测器已经装配到商品仪器；电荷耦合阵列检测器（CCD），由于其优异性能即将装配到商品仪器上。应用激光技术的光谱检测器正在研究发展中。电化学检测器也是十分活跃的研究及应用领域，特别是微电极的研究及应用。由于 HPLC 分离能力强、测定灵敏度高，可在室温下进行，应用范围极广，无论是极性还是非极性，小分子还是大分子，热稳定还是不稳定的化合物均可用此法测定。充分利用流动相的选择性相互作用已经发展出了反相色谱、反相离子对色谱、胶束色谱等。图 4-8 展示了一台使用中的液相色谱仪。

图 4-7　气相色谱仪
（西华大学化学实验中心）

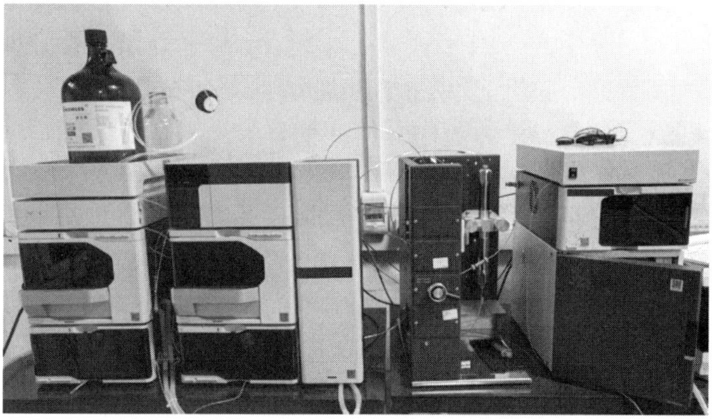

图 4-8　液相色谱仪（西华大学化学实验中心）

（3）多维色谱（Poly-dimensional Chromatography）。生物大分子、手性化合物的分析是色谱法研究的活跃方面。手性固定相的合成（包括气相色谱手性固定相）和流动相中手性试剂的添加使光学异构体在色谱柱上的拆分成为可能。色谱与其他分析仪器联用技术是现代分离分析的主要特征。尽管高效色谱技术，可以对付不少复杂系统的需要，但仍有很多场合，单靠一根色谱柱和一只检测器难以解决问题。多维色谱为解决这个难题提供了一个新的途径。多维色谱实际上是色谱本身的联机，结合不同色谱操作形式、不同检测系统，并附加反应、捕集、反冲、循环等辅助系统大大提高了色谱分析的选择性和峰容量，GC-GC，LC-LC 的联机已有一定的研究，LC-GC 技术则正在发展阶段。LC-GC 的开发及由此而组成的色谱系统分析网络将对复杂系统有机痕量物质的分离和分析迈出新的一步。

（4）联用技术。色谱联用技术（Hyphenated Chromatography Techniques）是一种将色谱技术与一种或多种其他分析技术相结合的方法，以提高分析的灵敏度、选择性和准确性。色谱技术主要用于分离混合物中的各个组分，而联用技术则用于进一步的检测和鉴定这些组分。常见的色谱联用技术汇总于图 4-9 中。

色谱联用技术具有以下优势：

① 色谱联用技术可以在一次运行中同时完成样品的分离和鉴定，大大提高了分析

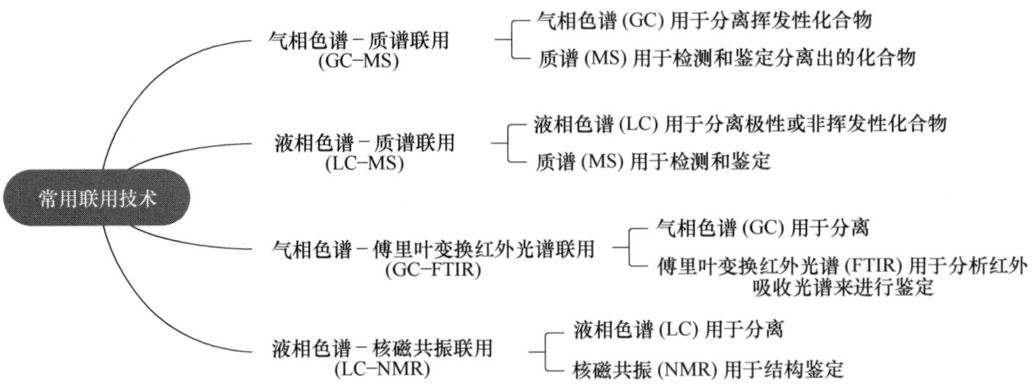

图 4-9　常见的色谱联用技术

效率。

② 联用技术结合了色谱的高分离能力和质谱等检测技术的高灵敏度，使得即使是在复杂样品中的微量组分也能被准确地检测和鉴定。

③ 能够提供有关化合物分子量的信息（特别是 LC-MS 和 GC-MS），以及通过碎片模式推断化合物的结构信息。

④ 由于联用技术通常配备有先进的自动化系统和数据处理软件，这使得分析过程更加标准化和高效。

⑤ 色谱联用技术可以应用于药物分析、环境监测、食品安全、法医化学、生物标志物的发现等诸多领域。

⑥ 由于色谱联用技术高灵敏度和高效的分离能力，其可以在使用较少样品量的情况下获得可靠的结果，这对于稀有样品或昂贵样品尤为重要。

4.1.3　辅助仪器与环境要求

对于大型波谱仪，如核磁共振波谱仪，按要求安排独立房间、配套相关设施。大多数波谱分析仪为台式设备，所需测试样品量不大，根据实际需要可设置样品准备间：

① 一般有洗涤台、实验台等设备。

② 测试间应与实验操作环境具有一定的距离，以防止酸、碱、腐蚀性气体等对仪器的损害。

③ 远离辐射源。

④ 室内应有防尘、防震、防潮等措施。

⑤ 仪器台与窗、墙之间要有一定距离，便于对仪器进行调试和检修。

⑥ 对于局部排风，使用原子吸收罩排风较为适宜。

4.1.4　光谱分析实验室设计理念和方案

实验室全部安置利用光谱分析产物结构的设备，因此可将其命名为光谱分析室。该实验室放置较为精密的仪器，应采用独立的隔板空间。对于光谱分析测试，需要在一个洁净、干燥的环境，因此该分析室应远离水源和灰尘较大的房间。该实验室可分为两个区域，样品准备区和仪器区：

① 在光谱实验室测试样品的制备过程，由于涉及强酸、挥发性浓酸的使用，因此需在隔离的空间内操作，且通风橱及通风管道应采用防酸碱腐蚀类材质。

② 实验室设计气路供应系统最好将各种类型的气体统一放在实验楼外有防爆及漏气警报的隔离间。通过不锈钢气路送入各实验室内。

③ 气体存储地应避免阳光直射，远离易燃易爆物品。此外，存储地应当具备良好的通风环境及设施，包括通风口及万向排气罩等设计。当然，根据实验室现场的空间结构，气体存储地应尽量靠近通风口，并将样品制备操作间与仪器间进行隔离，避免酸碱对于主机及相关设备的腐蚀。

光谱分析室的布局如图 4-10 所示，小型光谱仪可以多台公用一室［图 4-10（a）］，根据使用频率差异，某些设备可以多布置几台，如使用频率较高的紫外分光光度计和红外光谱仪等；大型波谱仪，如核磁共振波谱仪，由于其设备大小和对测试环境的要求，应独立使用一室［图 4-10（b）］：

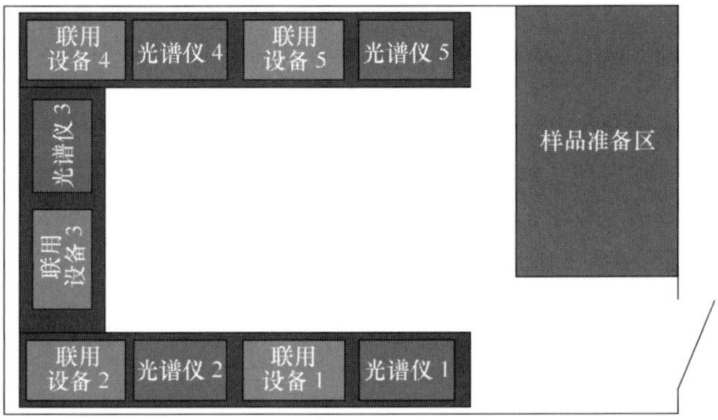

(a)

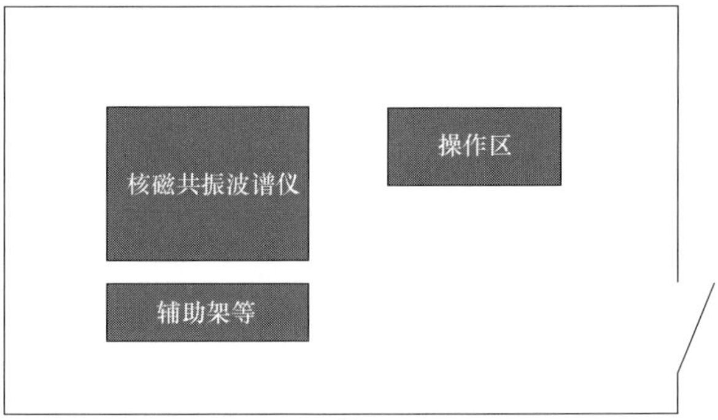

(b)

图 4-10　光谱分析室的布局设计图

（a）小型光谱仪测试室　（b）大型光谱仪测试室（以核磁共振波谱仪为例）

4.2　显微分析室

显微分析能获得产物内部的精细结构图像，揭示产物的基本性质和基本规律，是化学、生物和材料分析测试中重要环节。微观结构与形貌的分析对于小分子和大分子及其作用具有广泛适用性。我们将本节放在波谱分析表征分析室和大分子表征分析室之间，也表示该方法对大、小分子产物均具有广泛应用场景。主要的显微仪器设备有扫描电子显微镜、透射电子显微镜、原子力显微镜、红外热成像仪、荧光显微镜、激光共聚焦显微镜以及生物冷冻扫描电镜等，本节中分别介绍。

4.2.1 显微分析仪的工作原理及应用

（1）扫描电子显微镜（Scanning Electron Microscope，SEM）。SEM 是一种高分辨率的显微镜，它能够提供样品表面的三维图像。SEM 的工作原理基于电子束的扫描和样品与电子束相互作用产生的信号的检测。其工作原理可以分为以下几步：

① 电子枪发射电子束。SEM 的核心部分是一个电子枪，通常使用钨或场发射源发射高能电子束。电子枪通过加热钨丝（或使用电场）产生电子。

② 聚焦和扫描。发射出的电子束通过一系列电磁透镜（聚焦透镜）聚焦成一个非常细小的点。然后，电子束被扫描线圈控制，以扫描方式移动，逐点扫描样品表面。

③ 电子束与样品的相互作用。当聚焦的电子束撞击样品表面时，会发生多种相互作用，产生不同类型的信号，包括二次电子、背散射电子和 X 射线（图 4-11）。

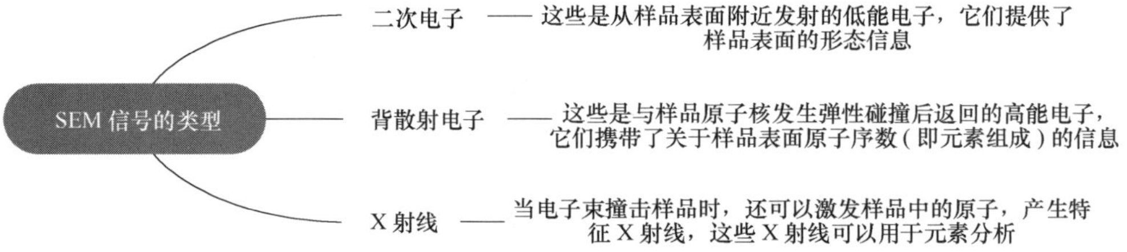

图 4-11 SEM 的信号类型

④ 信号检测。SEM 配备有不同的探测器来检测这些信号。二次电子通常由一个称为 Everhart-Thornley 探测器的装置检测，而背散射电子则由固态探测器检测。X 射线通常由能谱仪（EDS）或波谱仪（WDS）检测。

⑤ 图像形成。检测到的信号被转换成电信号，然后这些电信号被用来在计算机屏幕上形成图像。图像中的每个点（像素）的亮度对应于电子束扫描样品时在该点产生的信号强度。

⑥ 放大与深度感知。SEM 能够提供非常高的放大倍数，通常可以从几倍到几十万倍不等。此外，由于电子束的扫描方式，SEM 图像具有很好的深度感知能力，能够提供样品表面的三维图像。

SEM 的优点包括高分辨率、深度感知能力、大景深以及能够进行元素分析。这些特点使得 SEM 成为材料科学、生物学、地质学和许多其他领域中样品表面分析的有力工具。图 4-12 展示了一台桌面式扫描电子显微镜。

图 4-12 桌面式扫描电子显微镜（西华大学化学实验中心）

SEM 主要性能参数有四个（图 4-13）：

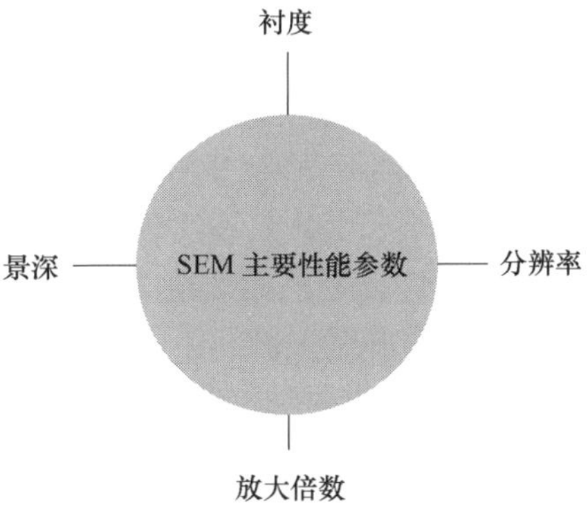

图 4-13　SEM 主要性能参数

① 分辨率。对微区成分分析而言，分辨率指能分析的最小区域；对成像而言，它是指能分辨两点间的最小距离。

SEM 分辨率主要受三方面影响：入射电子束束斑直径、入射电子束在样品中的扩展效应、成像方式及所用的调制信号。

二次电子像的分辨率约为 5～10nm，背散射电子像的分辨率约为 50～200nm。一般来说 SEM 分辨率指的是二次电子像的分辨率。

② 放大倍数。放大倍数可从十倍到几十万倍连续可调。放大倍数：$M=L/I$，其中 L 是显像管尺寸，I 是光栅扫描时相邻两点间距。M 通过调节扫描线圈电流进行，电流小则电子束偏转角度小，放大倍数增大。放大倍率不是越大越好，要根据有效放大倍率和分析样品的需要进行选择，与分辨率保持一定关系。

③ 景深。景深指一个透镜对高低不平的试样各部位能同时聚焦成像的一个能力范围。估算景深 $D=2r/a=0.2/(aM)$ mm，a 是电子束张角，M 是放大倍数。SEM 物镜采用小孔视角、长焦距，可获得很大景深。

④ 衬度。包括表面形貌衬度和原子序数衬度。表面形貌衬度由试样表面的不平整性引起。原子序数衬度指扫描电子束入射试样时产生的背散射电子、吸收电子、X 射线，对微区内原子序数的差异相当敏感。原子序数越大，图像越亮。二次电子受原子序数的影响较小。高分子中各组分之间的平均原子序数差别不大；所以只有一些特殊的高分子多相体系才能利用这种衬度成像。

（2）透射电子显微镜（Transmission Electron Microscope，TEM）。TEM 是一种能够提供样品内部结构的高分辨率图像的显微镜，其工作原理基于电子束的穿透和样品与电子束相互作用产生的衍射图案的检测，可分为以下几步：

① TEM 的核心部分是一个电子枪，通常使用钨或场发射源发射高能电子束，电子枪通过加热钨丝（或使用电场）产生电子。

② 发射出的电子束通过一系列电磁透镜（聚光透镜）聚焦成一个细小的平行光束。

③ 聚焦后的电子束穿透一个极薄的样品（通常厚度在几十纳米到几百纳米之间）。样品必须足够薄，以允许电子束穿透。

④ 当电子束穿透样品时，会发生多种相互作用，包括弹性散射和非弹性散射。这些相互作用会导致电子束的偏转和能量损失，从而产生包含样品内部结构信息的衍射图案。

⑤ 穿透样品后的电子束携带着样品内部结构的信息，形成一个衍射图案，它包含了关于样品晶体结构、相分布和缺陷的信息。

⑥ 衍射后的电子束通过电磁透镜系统（包括物镜、中间透镜和投影透镜）进一步聚焦，形成一个放大的实像——可以通过荧光屏或相机进行观察和记录。TEM 成像原理可分为三种情况：

a. 吸收像：当电子射到质量、密度大的样品时，主要的成像作用是散射作用。样品上质量厚度大的地方对电子的散射角大，通过的电子较少，像的亮度较暗。早期的透射电子显微镜都是基于这种原理。

b. 衍射像：电子束被样品衍射后，样品不同位置的衍射波振幅分布对应于样品中晶体各部分不同的衍射能力，当出现晶体缺陷时，缺陷部分的衍射能力与完整区域不同，从而使衍射波的振幅分布不均匀，反映出晶体缺陷的分布。

c. 相位像：当样品薄至100Å 以下时，电子可以穿过样品，波的振幅变化可以忽略，成像来自相位的变化。

⑦ TEM 图像的对比度主要来源于样品对电子束的吸收和散射差异。样品中不同区域的厚度、组成和结构差异会导致电子束的散射程度不同，从而在图像上产生不同的亮度。

TEM 的优点包括极高的分辨率（可以达到亚纳米级别），能够观察样品的内部结构，以及能够进行电子衍射分析以确定晶体结构。这些特点使得 TEM 成为材料科学、纳米技术、生物学和许多其他领域中研究材料微观结构的强大工具。其缺点在于，样品制备通常比较复杂，需要将样品切割或减薄到电子束可以穿透的程度，通常为 50～100nm。所以用透射电子显微镜观察时的样品需要处理得很薄。处理样品的常用方法有：超薄切片法、冷冻超薄切片法、冷冻蚀刻法、冷冻断裂法等。对于液体样品，通常是挂在预处理过的铜网上进行观察。此外，TEM 的设备较大，属于昂贵的精密仪器，一般须由专人进行操作和维护。

（3）原子力显微镜（Atomic Force Microscope，AFM）。AFM 是一种能够在纳米尺度上对样品表面进行成像和测量的扫描探针显微镜。AFM 的工作原理基于一个微小的探针（通常是一个尖锐的针尖）与样品表面之间的相互作用力，其工作原理为：

① AFM 的核心部分是一个微小的探针，它固定在一端尖锐、弹性良好的悬臂上。探针的针尖非常尖锐，可以达到纳米甚至原子级别。

② 探针被精确地移动到样品表面附近，通常距离样品表面只有几纳米。

③ 当探针接近样品表面时，针尖与样品表面原子之间的相互作用力（范德华力、静电力、化学键力等）会导致悬臂发生微小的弯曲或扭转。

④ 悬臂的微小位移可以通过多种方式检测，最常见的是使用激光束反射技术。激光束被照射到悬臂上，并由光电探测器检测反射回来的激光束的位置变化。悬臂的微小位移会导致激光束在光电探测器上的位置发生变化，从而检测到力的变化。

⑤ 检测到的悬臂位移信号被送入反馈控制系统，该系统调整探针与样品之间的距离，以保持相互作用力恒定。这样可以确保针尖不会损坏样品表面，同时也能获得样品表面的形貌信息。

⑥ 探针在样品表面上方逐点扫描，反馈控制系统不断调整探针与样品之间的距离，以保持力的恒定。这样，探针的上下移动就反映了样品表面的三维地形。

⑦ 探针的上下移动被转换成电信号，并用于在计算机上形成样品表面的三维图像。图像中的每个点（像素）的亮度对应于探针在扫描过程中相对于样品表面的高度。

AFM 的优点包括能够在原子级别上对样品表面进行成像，不需要真空环境，可以用于研究导体、半导体、绝缘体和生物样品等多种材料。此外，AFM 还可以提供样品表面的力学性质、电学性质和磁性性质等信息。

（4）激光共聚焦扫描显微镜（Laser Scanning Confocal Microscope，LSCM）。LSCM 是

一种用于获取样品三维图像的光学显微镜。它通过使用激光和共聚焦成像原理来提高图像的分辨率和对比度，尤其是在样品的深度方向上，其工作原理分为以下几步：

① 以一束激光作为光源，通过选择不同波长的激光来激发样品中的荧光分子。激光被聚焦成一个非常小的点，这个点在样品上逐点扫描。

② 当激光点扫描到样品中的荧光分子时，这些分子会被激发并发射出荧光，荧光的波长通常比激发光的波长长。

③ 发射的荧光通过显微镜的物镜和管镜后，被一个位于光检测器（如光电倍增管）前的共聚焦针孔所限制。这个针孔的作用是阻挡来自激光焦点以外区域的荧光，从而提高图像的轴向（深度）分辨率。

④ 通过共聚焦针孔的荧光信号被检测器检测并转换成电信号。这些电信号随后被用来在计算机上重建样品的图像。

⑤ 激光点在样品上逐点扫描，每次扫描都对应于样品的一个横截面。通过逐点收集荧光信号，计算机可以重建出样品的三维图像。

⑥ 由于共聚焦针孔的应用，LSCM 能够获得样品内部不同深度的清晰图像，这种能力被称为“光学切片”。通过叠加这些切片，可以获得样品的三维结构。

LSCM 的优点包括高分辨率、能够进行三维成像、背景噪声小和图像对比度高。这些特点使得 LSCM 在生物学、医学和材料科学等领域中非常有用，特别是在研究细胞结构、组织形态和生物分子动态等方面。然而，LSCM 的缺点包括对样品的光毒性（由于激光的高强度）和扫描速度相对较慢。图 4-14 展示了一台激光共聚焦显微镜。

LSCM 在使用时应注意以下事项：

① 在仪器使用期间，必须将空调打开，控制室温在 18~24℃。

② 意开机关机的顺序及激光器的保护。

③ 注意遮光，避免样品被外援光漂白。

④ 注意防尘，工作环境应保持清洁，干燥，且远离辐射源。

⑤ 不得在仪器附近储存或使用易燃易爆的固体、液体和气体；不得将易燃材料放入光路中。

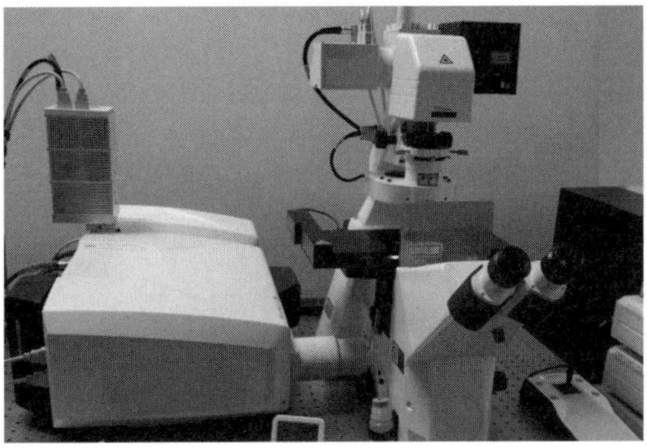

图 4-14　激光共聚焦显微镜
（西华大学化学实验中心）

4.2.2　辅助仪器和环境要求

基于显微分析对环境洁净程度的要求，一个完整的显微分析室应包含：显微电镜室、制样室、离心机室、切片机室和暗室（图 4-15）：

（1）显微电镜室。作为显微电镜室的核心部分，其使用面积由购买的电镜型号、附件、室内陈设和经常活动的人数决定。电子显微镜的稳压电源和冷却水箱都存在干扰磁场、噪声和散热等缺点。它们不应放置在电镜室中。最好将它们安置在隔音和散热较好的另一个小房间内或走廊内。

电镜室要求半暗的工作环境，最好不要留窗。室内可安装 1 或 2 盏红色壁灯（不要直接对着观察窗）。可设置日光灯或白炽灯吊灯进行检修和正常照明。

(2) 制样室。制样室是显微电镜工作的生命线。房间里应该有一个大的双人试验台，还有水龙头、水盆和地漏。还必须安装毒气柜，外壁要有排气孔和轴流风机（必要时可加快排出污染空气）。还应安装冰箱、烘箱、药柜、超声波清洗机、超净工作台等。制样间宜大，便于自然采光，此外，应设置足够的采光，以供夜间工作。

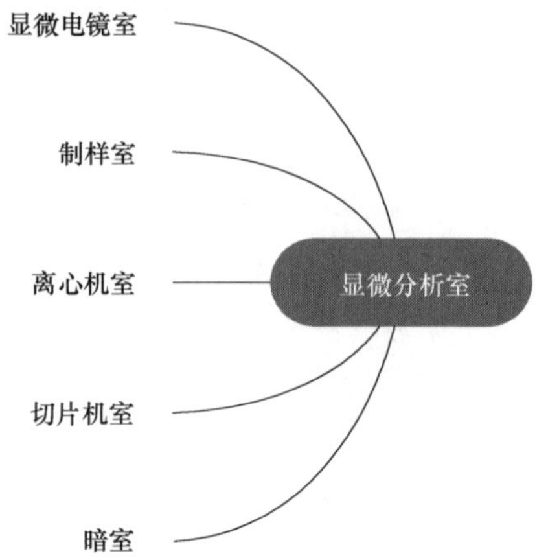

图 4-15　显微分析室的组成

(3) 离心机室。对于生物样品的纯化，应根据实验室的需要搭配所需数量和大小的低速离心机、高速离心机和超速离心机，用于电镜工作。室内还应有单面试验台、冰箱、水龙头盆等。地面需要额外的水平和坚固。当离心机排气量大时，应设排气管引向室外。所有水冷离心机都应配备双回路给排水系统。

(4) 切片机室。超薄切片技术含量高，环境条件的微小变化通常会影响切片机的性能。通常只需要一个人操作，场地要小而紧凑。房间的一侧可以放置一台配备超稳工作台的超薄切片机，另一侧的水泥防震台上可以放置锥形修边机和切刀机。

(5) 暗室。暗室因为遮光需要应设斗门或转门，还应有单独的通风透气孔，但需遮光。室内设适于立式工作的单面试验台，台的一侧设水池 2~3 个，吊顶设红、绿、白灯各一盏。门口外可设红色指示灯一盏，可与放大机、上光机、电炉连接。启用时红灯亮，断电时红灯灭，确保安全。四壁涂以暗绿色无光漆。

4.2.3　显微分析实验室设计理念和方案

显微分析设备大都属于精密仪器，各台仪器之间的间隔应保持足够的距离，在使用时互不干扰。显微成像分析包括材料和生物样品的分析，因此，需要将两种类型的仪器分开，以降低生物样品被污染的风险。

(1) 一般材料显微成像室设计。

① 防磁。显微电镜的主体电磁透镜本身就是一个磁场，容易受到外界磁场，特别是交变磁场的干扰，使显微图像发生单向的模糊，降低分辨本领，可能还会引起照明光斑的漂移和摆动，影响正常观察，允许的外界交流磁场应小于 2~3mGs。

防磁的主要措施：

a. 显微电镜实验室要远离电台、大型电机设备、大变压器及高压输电电缆等强磁干扰，以及核磁共振、质谱、高能粒子加速器等强磁仪器。

b. 电镜实验室动力及照明导线要避免形成闭合回路，避免长迂回或单根导线布线，应使去和回的导线相靠近，严禁导线从实验室地下或顶上通过。

c. 采用屏蔽措施，目前有些单位采用铁网或薄铁皮作为实验室的屏蔽材料，理论上讲选择磁滞特性不显著，矫顽力和剩磁小的高磁导率软磁材料做屏蔽效果较好，用薄铁皮和细目铁丝网做室内四壁和顶的屏蔽是比较适宜的。

② 防震。目前各国出厂的电镜都采用了较好的防震抗震设施，但由于电镜的分辨率本领不断提高，对防震要求越加严格，电镜镜筒的振动，尤其是样品的振动，会使图像沿振动方向发生位移，使聚焦困难，成像模糊而降低分辨本领。电镜允许的外界振动（主要是指地面振动）：振幅小于 1~3μm。

防震的主要措施：

a. 电镜实验室务必远离铁路，载重车道，大型冲床，锻造、汽锤等振动源。

b. 为了防止电镜冷却水的振动，保持水压，流速，可采用加长供水软管或装配减压瓣来稳定水压的办法。

c. 采用减震垫或增设电镜的独立基础（防震座），可依不同型号电镜的实际需要做成适当面积的大块或钢筋混凝土实心结构基础。

d. 房屋的结构设计至少要防七级地震，当配置统一空调设备时，机房建立另建、或采用离体结构，并考虑消音和减震等措施。

③ 防尘。电镜的根本效能在于它的高分辨率本领和高放大能力，影响分辨率放大，而又难于排除的主要因素就是样品的污染，这种污染来自环境条件和电镜本身，电镜要求的洁净等级至少应达到万级，室内噪声小于 60dB。

防尘的主要措施：

a. 电镜建筑事宜选择在环境清洁、绿化较好的场所，应该避开多风沙、多烟尘和有腐蚀性气体污染的区域，实验室工艺布置合理紧凑，尽可能减少洁净室面积。

b. 在满足工艺要求的前提下，室内层高高度尽量降低，减少换气次数，在电镜室，切片室，离心机室应有缓冲间，设置统一空调设备，要求尽量减少涡流。

④ 室内通风与温度。电镜要求环境温度为（20±1）℃，湿度 70%以下。

⑤ 供水系统。实验室除常规用水外，电镜（镀膜机等）还需要在恒温条件下才能稳定的运转，要求“恒温冷却循环水系统”水温为（20±5）℃，水压为 2~5kg/cm，流量 3~5 L/min。

⑥ 供电系统。电镜对于电源的根本需求是输入电压和频率的稳定性，电压的突然波动必将引起电路系统的瞬间的不稳定，影响正常操作性能。当电压波动较大时，容易产生故障而损害仪器。另外，供电系统要避免产生干扰磁场，防止灰尘积聚，确保供电安全。

实验室确保电源线由变压器或配电室直接引出，形成专用电缆，切忌和其他大功率电器设备合用电缆，且输出功率大于电镜输入功率 3~5kW，接地电阻小于 5~10Ω。

⑦ 其他要求。实验室要常备防火器具，电路应设有火灾探测器和报警器，实验室外门应常闭，可安装电铃呼叫，实验室应设置应急照明。管道出风口应该平均分散，防虫防鼠。不适合设置外窗。室内净高要根据设备高度和检修要求来确定。

一间典型的显微分析室如图 4-16 所示。

（2）生物显微成像室的设计。

① 培养基制作室。

a. 培养基实验室是制作微生物培养基和配制的测试试剂的场所，主要设备为实验台以及药品柜。平台的炉侧放置，以满足熔化介质煮沸。

b. 材料可耐热、耐酸、耐碱。

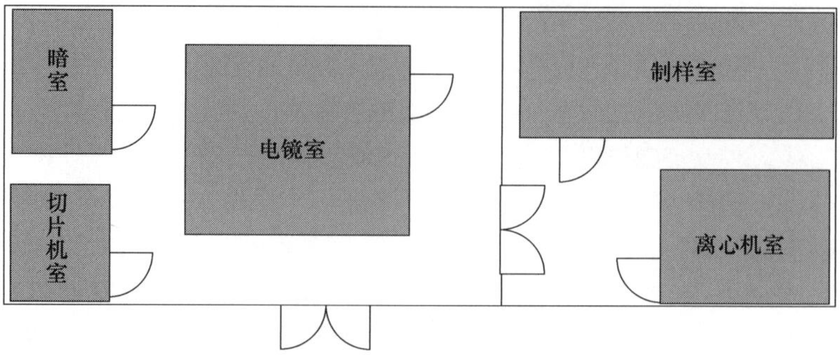

图 4-16　显微分析室布局示意

c. 药品柜存放一些大类药品与试剂。

d. 危险容易变坏、焚烧的危险药物单独提供安全存储。

② 洗涤系统消毒室。洗涤产品消毒室用以进行消毒可以洗涤待用与已用之研究玻璃以及器皿，培养基及污物。为满足洗涤方法的消毒功能，洗涤过程中消毒室应设有：

a. 1~2 个洗涤池，洗涤池上下水网要畅通。

b. 器皿柜或实验台，以放置洗涤好的器皿。

c. 高压灭菌锅所用电源应满足企业用电设备负荷。

d. 室内安有通风控制装置（通风柜）或换气扇。

③ 理化分析室。

a. 理化分析室（如无条件，可与微生物常规实验室相结合）是理化分析的主要操作室，实验室台面与细菌操作室要求相同；

b. 设置通风柜，满足加热、消化、干燥、灼烧和化学处理工作的需要；

c. 设置洗涤池。

④ 仪器室。如果不存在的条件下，这可以被组合和常规实验室微生物，用于放置显微镜、电子天平和小型仪器的物理和化学数据；对于小型企业实验室，如果没有更多的空间来太区分开来，应该能够分割房间的规划，以确保有不同的工作空间实验室（清洁区和一般作业区）之间有一定区别。

因此，应保证最少 4 个房间或 4 个分区。图 4-17 展示了一种生物显微成像室布局的设计示意。

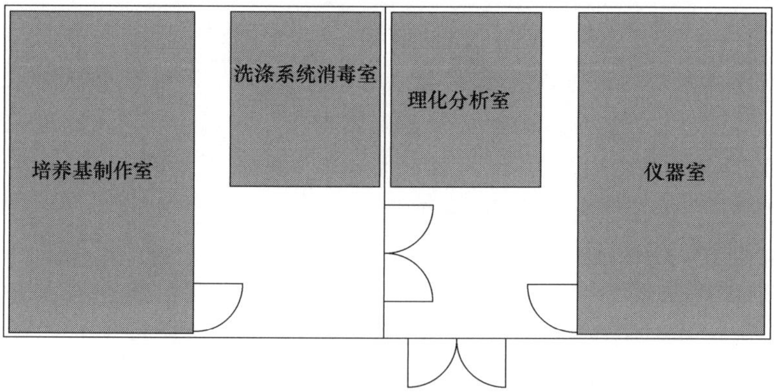

图 4-17　生物显微成像室布局设计

4.3 大分子分析室

与小分子形成明显对比的是大分子（macromolecule），它是那些由众多原子或原子团主要以共价键结合而成的相对分子量较大的化合物，或由千百个原子彼此以共价键结合形成相对分子质量特别大、具有重复结构单元的化合物，也称为高分子或高聚物（polymer）。

大分子的化学反应与小分子一样，本质上是化学键的断裂与生成，通过核磁共振波谱、红外光谱等手段进行分析，本节不再赘述。在此之外，大分子与小分子具有以下明显区别：

① 分子量大，可用不同大小的孔、膜等进行筛分。

② 分子链具有宏观物质的运动规律。

③ 可以直接加工成材料，加工条件对材料性能有显著影响。

④ 材料具有宏观表现（各种性能），如密度、力学强度等。

本节重点阐述大分子基本结构的表征实验室，即大分子分析室。在后续章节中，进一步讨论和设计大分子材料加工和性能分析的通用实验室。

4.3.1 大分子分析仪器的工作原理及应用

（1）凝胶色谱仪。凝胶色谱仪的工作原理基于分子筛分效应，根据应用的不同，凝胶色谱可以分为排阻色谱（Size Exclusion Chromatography，SEC）和凝胶渗透色谱（Gel Permeation Chromatography，GPC）等，它利用凝胶材料的孔隙结构来分离不同大小的分子。凝胶色谱仪的主要组成部分包括：

① 色谱柱。装填有凝胶材料，这些凝胶材料具有特定的孔隙大小。

② 泵。用于推动流动相（通常是缓冲溶液）通过色谱柱。

③ 检测器。用于检测流出色谱柱的组分，常见的检测器有紫外-可见光谱检测器、示差折光检测器等。

④ 进样器。用于将样品溶液注入色谱柱。

⑤ 数据处理系统。用于记录和处理检测器的信号，以便分析和计算。

在凝胶色谱中，凝胶珠内部含有许多微小的孔隙。当样品溶液通过这些凝胶珠时，较小的分子能够进入这些孔隙，因此它们在凝胶中的移动速度会减慢。而较大的分子则无法进入这些孔隙，它们只能在凝胶珠之间的空隙中移动，因此移动速度较快。根据分子在凝胶中的移动速度不同，不同大小的分子会在不同的时间内从凝胶色谱柱中流出，从而实现分离。这种分离过程通常在缓冲溶液或其他流动相的帮助下进行，流动相的组成和流速可以根据需要进行调整，以优化分离效果（图 4-18）。

凝胶色谱是一种非常有效的分离技术，尤其适用于生物大分子如蛋白质、核酸等的分离和纯化。它具有分离效果好、操作简单、分离速度快等优点，在生物医学、化学等领域得到了广泛应用。通过凝胶色谱仪可以得到以下数据（图 4-19）：

① 保留时间（Retention Time）。从样品注入检测器检测到最大信号强度的时间。保留时间可以用来识别不同的组分，因为不同大小的分子会有不同的保留时间。

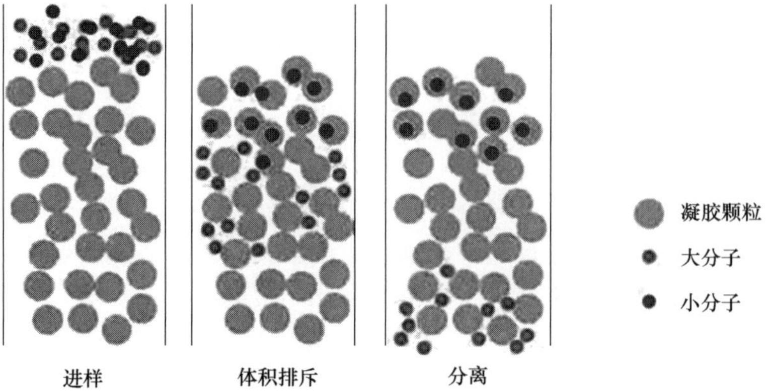

图 4-18　凝胶色谱的分离原理

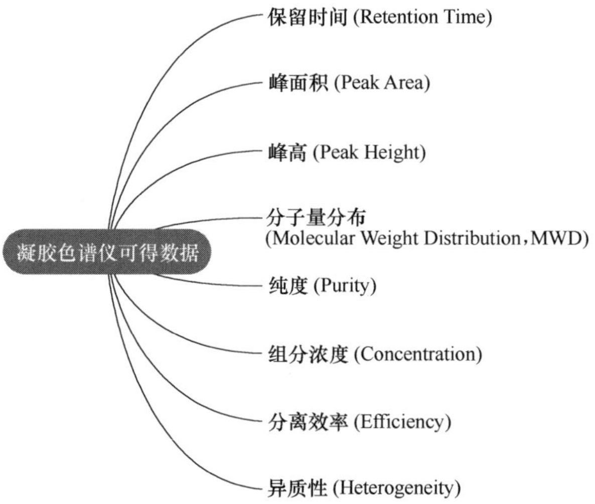

图 4-19　凝胶色谱仪可得数据

② 峰面积（Peak Area）。色谱图上每个峰的面积，通常用来定量分析，表示每个组分的相对含量。

③ 峰高（Peak Height）。色谱图上每个峰的最大信号强度，也可以用来定量分析，但不如峰面积准确。

④ 分子量分布（Molecular Weight Distribution，MWD）。通过比较不同组分的保留时间和已知的分子量标准品的保留时间，可以计算出样品中各组分的分子量，从而得到分子量分布。

⑤ 纯度（Purity）。通过分析色谱图上的峰数量和峰的形状，可以评估样品的纯度。

⑥ 组分浓度（Concentration）。结合峰面积和已知的校准曲线，可以计算出样品中各组分的浓度。

⑦ 分离效率（Efficiency）。通过分析色谱峰的宽度和形状，可以评估色谱柱的分离效率。

⑧ 异质性（Heterogeneity）。对于聚合物等复杂样品，凝胶色谱可以提供关于样品异质性的信息，即样品中不同分子大小的分布情况。

（2）光散射仪。光散射分析可分为动态光散射（Dynamic Light Scattering，DLS）和静态光散射（Static Light Scattering，SLS）。DLS 是一种用于测量纳米级粒子大小和分布的技术，也称为光子相关光谱（Photon Correlation Spectroscopy，PCS）。其工作原理基于布朗运动和光的散射现象，其工作原理为：

① 布朗运动。当悬浮在液体中的纳米粒子受到周围分子热运动的撞击时，它们会表现出随机运动，即布朗运动。粒子的运动速度与粒子的尺寸有关，较小的粒子会移动得

更快。

② 光的散射。当一束激光照射到这些纳米粒子上时，光会被粒子散射。散射光的强度和方向会随着粒子位置的变化而变化。

③ 干涉和信号波动。散射光从不同的粒子表面反射后会在空间中相遇，产生干涉现象。由于粒子的布朗运动，这些干涉图案会随时间变化，导致检测到的散射光强度随时间波动。

④ 自相关函数分析。通过分析这些光强度波动的自相关函数，可以得到粒子运动的速度。自相关函数描述了光强度在不同时间间隔下的相关性，反映了粒子运动的动态过程。

⑤ 粒子大小计算。根据斯托克斯-爱因斯坦方程（Stokes-Einstein equation），粒子运动的扩散系数与粒子的半径成反比。因此，通过测量粒子的扩散系数，可以计算出粒子的平均大小。

DLS 技术适用于测量范围从大约 1 纳米到几微米的粒子，并且可以提供关于粒子大小分布的信息。它是一种快速、非侵入性的测量方法，广泛应用于纳米技术、生物医药、化学和材料科学等领域。

SLS 是一种用于测量溶液中粒子大小、形状和分子量的技术。与 DLS 不同，SLS 测量的是散射光的强度相对于散射角度的分布，而不是随时间的变化。其工作原理基于光的散射理论，特别是雷利散射和洛伦兹-米散射理论。当一束光（通常是激光）照射到溶液中的粒子时，光会被粒子散射。散射光的强度取决于粒子的尺寸、形状、折射率以及溶液的折射率等因素。SLS 的测量过程为：

① 样品准备。将待测粒子分散在透明溶液中，形成均匀的悬浮液。

② 光源照射。使用激光或其他单色光源照射样品。

③ 散射光检测。在不同的角度放置光电探测器，用于检测散射光的强度。这些探测器可以围绕样品旋转，以便在不同角度进行测量。

④ 数据分析。根据散射光的强度和角度，使用光的散射理论（如瑞利散射或洛伦兹-米氏散射理论）来分析数据。通过拟合实验数据，可以得到粒子的尺寸、形状和分子量等信息。

SLS 的一个关键应用是测量高分子溶液的分子量。通过测量不同角度的散射光强度，可以得到散射光的角度依赖性，即散射矢量 q 的函数。对于大分子，散射强度与分子量的平方成正比，因此可以通过分析散射数据来确定分子的绝对分子量。

SLS 技术适用于测量范围从几十纳米到几微米的粒子，并且可以提供关于粒子大小、形状和分子量的详细信息。它是一种重要的分析工具，广泛应用于高分子科学、生物物理学、纳米技术等领域。

光散射仪的基本构造和原理如图 4-20 所示。

（3）元素分析仪（Elemental Analyzer，EA）。EA 是一种用于测定样品中元素组成和含量的仪器。它可以用于分析有机物和无机物中的碳（C）、氢（H）、氮（N）、硫（S）等元素。元素分析仪的工作原理通常基于燃烧法或热解法，一般步骤为（图 4-21）：

① 样品准备。将样品均匀地放置在分析仪的样品容器中。对于有机物，可能需要将样品干燥并研磨成粉末状。

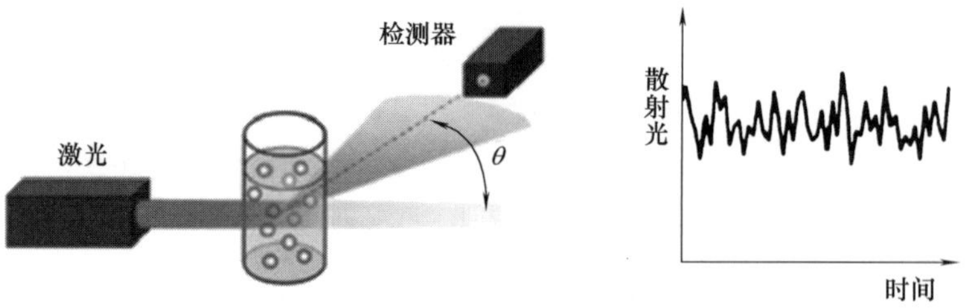

图 4-20　光散射仪工作原理示意

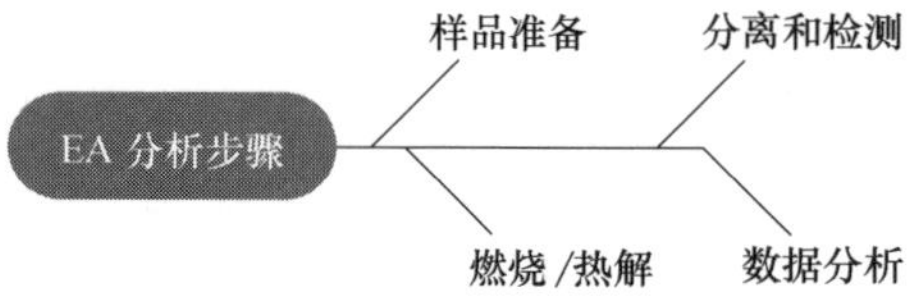

图 4-21　EA 分析的一般步骤

② 燃烧/热解。样品在高温下被氧化（燃烧）或热解。在燃烧过程中，样品中的元素被转化为气体形式，如二氧化碳（CO_2）、水蒸气（H_2O）、氮氧化物（NO_x）和硫氧化物（SO_x）。

③ 分离和检测。产生的气体通过一系列的检测器，这些检测器可以分离并检测特定元素的特征气体。例如，使用红外检测器检测 CO_2，热导检测器检测 H_2O，化学发光检测器检测 NO_x，以及紫外或荧光检测器检测 SO_2。

④ 数据分析。检测到的信号被转换为元素的量，并通过软件进行分析和计算，以确定样品中各元素的含量。

元素分析仪的种类很多，包括碳氢氮硫氧分析仪（CHNSO 分析仪）、氧氮分析仪等，它们可以根据不同的应用需求和分析目标选择不同的分析方法和检测器。元素分析仪广泛应用于化学、地质学、环境科学、生物学和材料科学等领域。

4.3.2　辅助仪器和环境要求

与小分子分析实验室类似，大分子分析室中主要的辅助仪器有：仪器台（应离墙以便仪器维修）、万向排气罩、电脑台（一般在仪器台旁配置）、边台、洗涤台、试剂柜等。

实验室温度应在 17~25℃，温度波动应小于 1℃/h，湿度应控制在 40%~80%。因此，实验室应安装足够功率的空调和除湿机。还要注意清洁和防尘。另外，电压稳定，配有地线，至少需 2 个含有 5 个插孔以上的多功能插座，建议配置 UPS 电源（1000W 以上）。

4.3.3　大分子分析实验室的设计理念和方案

大分子分析实验室与小分子分析室设计相似，可以参考上述设计理念。方案一，可将上述表征设备置于一间实验室（图 4-22）；方案二，将几种表征设备分室放置，便于增设设备、拓展功能和教学使用。

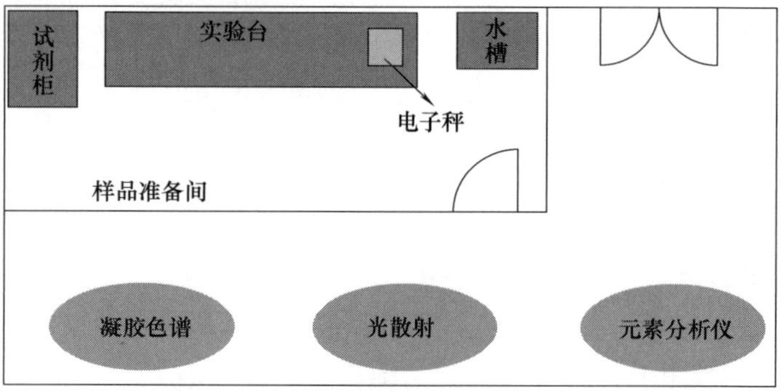

图 4-22　大分子分析室布局设计

4.4 热分析室

热分析是在程序控制温度下，测量物质的物理性质与温度之间关系的一类技术。其涉及的仪器主要有差示扫描量热仪、热重分析仪、导热系数仪和流变仪等，这些仪器用于分析物质的热学性质。它们在工业生产、科学研究和质量检测等多个领域都有广泛的应用。在工业生产中，热分析仪可以用于研究材料的热学性质和反应过程，提高生产效率和产品质量；在科学研究中，热分析仪可以用于研究材料的热学性质和物理化学性质，有助于深入了解材料的性质和结构；在质量检测中，热分析仪可以用于检测材料的热学性质和成分，保证产品的质量和安全性。本节将介绍实验室各种热分析仪的基本原理和应用场景，并提供相关实验室设计理念。

4.4.1 热分析仪器的工作原理及应用

（1）流变仪。流变仪（Rheology）依靠旋转运动对测试样品产生剪切，可以快速确定材料的黏性、弹性等各方面的流变性能。测量时样品一般是在一对相对运动的夹具中进行剪切流动。常用于测定聚合物熔体、聚合物溶液、悬浮液、乳液、涂料、油墨和食品等材料的流变性质的仪器有旋转流变仪、毛细管流变仪、转矩流变仪和界面流变仪。其中，旋转流变仪是材料领域应用最广泛的流变测量仪器，可以研究从低黏度流体到高强度固体样品的流动和变形特性。它采用对样品施加强制稳态速率载荷、稳态应力载荷、动态正弦周期应变载荷或动态正弦周期应力载荷的方式，观测样品对所施加载荷的响应数据；通过测量剪切速率、剪切应力、振荡频率、应力应变振幅等流变数据，计算样品的黏度、储能模量、损耗模量、tanδ 等流变学参数。流变仪的主要组成通常包含：

① 驱动系统。提供扭矩或力，以产生剪切应力。

② 测量系统。通常由两个相对移动的部件组成，如圆盘、圆锥或圆柱体，用于施加应力并测量应变。

③ 传感器。用于精确测量施加的应力和产生的应变。

④ 控制系统。用于控制实验条件，如温度、应力或应变速率。

⑤ 数据采集系统。用于记录和分析数据。

流变仪的工作原理可以概括为以下几个步骤：

① 施加应力。通过驱动系统施加一个已知的应力（扭矩）到样品上。

② 测量应变。测量系统检测样品的形变（应变），通常是旋转或形变的大小。

③ 应力-应变关系。通过传感器精确测量施加的应力和产生的应变，并记录下来。

④ 数据分析。控制系统和数据采集系统记录数据，并通过软件分析应力-应变曲线，以确定材料的流变性质，如黏度、弹性模量、黏弹性等。

（2）差示扫描量热仪。物质在物理变化和化学变化过程中往往会伴随着热效应，放热和吸热现象反映了物质热焓的变化。差示扫描量热仪（Differential Scanning Calorimeter，DSC）就是测定在同一受热条件下，测量试样与参比物之间温差对温度或时间的函数关系。差示扫描量热法，是在程序控制温度的情况下，测量输出物质与参比物的功率差与温度关系的一种技术。DSC 这项技术一直被广泛应用，它既是一种例行的质量测试工具，也是一个研究工具。其测量的是与材料内部热转变相关的温度、热流的关系，应用范围非常广，特别是在材料的研发、性能检测与质量控制上。材料的特性，如玻璃化转变温度、冷结晶、相转变、熔融、产品稳定性、固化/交联和氧化诱导期等，都是 DSC 的研究领域。其主要组成部分包括：

① 加热系统。提供均匀的温度变化，通常以一定的速率加热或冷却样品和参考物质。

② 样品腔和参考腔。分别放置样品和参考物质的小容器。

③ 温度传感器。测量样品腔和参考腔的温度，确保两者温度相同。

④ 热流测量系统。测量样品腔和参考腔之间的热流差异。

⑤ 数据采集系统。记录温度和热流数据，用于后续分析。

DSC 的工作原理分为以下几个步骤：

① 温度控制。DSC 以一定的速率加热或冷却样品和参考物质。

② 热流平衡。在没有任何相变或热事件发生时，样品和参考物质的热流是平衡的，即两者温度变化相同。

③ 热事件检测。当样品发生相变（如熔化或结晶）时，它会吸收或释放热量，导致样品腔和参考腔之间的热流出现差异。DSC 通过测量这种热流差异来检测样品的热事件。

④ 数据分析。通过分析热流差异随温度或时间的曲线，可以得到样品的热性质，如熔点、结晶温度、玻璃化转变温度以及相应的热焓变化。

（3）热重分析。热重分析（Thermogravimetric Analyzer，TGA）是一种用于测量样品质量随温度或时间变化的仪器。它可以用来研究材料的热稳定性、分解温度、氧化行为以及吸附和解吸行为等。TGA 的工作原理基于精确测量样品在受控温度程序下的质量变化。

TGA 的主要组成部分包括：

① 加热系统。提供均匀的温度变化，通常以一定的速率加热样品。

② 样品托盘。放置样品的容器，通常由耐高温材料制成。

③ 质量测量系统。采用高精度的电子天平实时测量样品的质量。

④ 温度传感器。测量样品托盘的温度，确保温度控制准确。

⑤ 气氛控制系统。可以引入不同的气体气氛，如氮气、空气或氧气，以模拟不同的环境条件。

⑥ 数据采集系统。记录样品的质量和温度数据，用于后续分析。

TGA 的工作原理可分为以下几步：

① 样品准备。将少量样品放置在样品托盘上。

② 温度控制。TGA 以一定的速率加热样品，这个速率可以是线性的，也可以是非线性的，根据实验需求设定。

③ 质量测量。在加热过程中，电子天平实时测量并记录样品的质量变化。

④ 数据分析。通过分析样品质量随温度或时间的曲线，可以得到样品的热分解温度、热分解速率、残留物质量等信息。

TGA 广泛应用于材料科学、化学、环境科学、考古学和制药等领域，用于研究聚合物、陶瓷、金属、生物材料、药物和食品等样品的热性质。图 4-23 展示了一台使用中的热重分析仪。

（4）导热系数测定仪。导热系数测定仪是一种用于测量材料导热性能的仪器。导热系数是描述材料导热能力的一个物理量，它表示在单位温差和单位时间内，通过单位面积的热量传递速率。导热系数测定仪的工作原理基于两种方法，即稳态法、瞬态法。其中，稳态法导热系数测定仪的工作原理为：

① 样品准备。将样品放置在两个平行的平板之间，确保良好的热接触。

② 加热和冷却。在样品的一侧施加恒定的热流，另一侧保持恒定的温度，或者两侧施加不同的恒定温度，以产生稳定的温差。

③ 温度测量。使用温度传感器测量样品两侧的温度。

④ 热流测量。通常使用热流量计测量通过样品的热流。

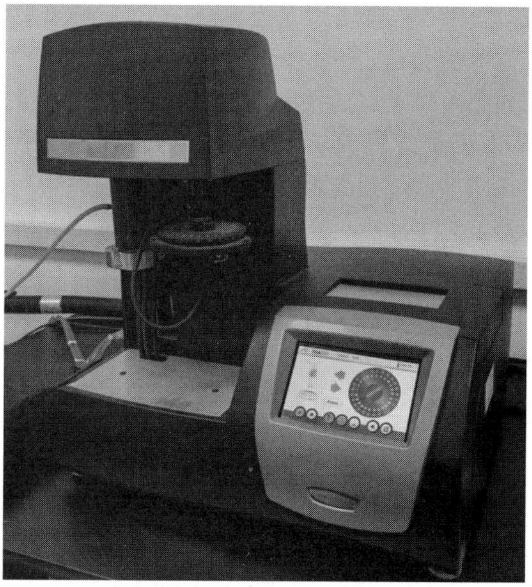

图 4-23　热重分析仪（西华大学化学实验中心）

⑤ 数据分析。根据测量到的温差和热流，以及样品的厚度和面积，通过傅立叶定律计算样品的导热系数。

瞬态法导热系数测定仪的工作原理为：

① 样品准备。将样品放置在特定的测试腔体内。

② 加热。瞬时施加一个已知的热脉冲或持续一段时间的恒定热流。

③ 温度监测。使用温度传感器监测样品温度随时间的变化。

④ 数据分析。通过分析样品温度随时间的变化，结合热扩散方程，计算样品的导热系数。

图 4-24　导热系数测定仪（西华大学化学实验中心）

导热系数测定仪广泛应用于建筑材料、电子材料、绝缘材料、岩石、土壤、金属、塑料、复合材料等领域，用于评估材料的热性能。图 4-24 展示了一台工作中的瞬态法导热系数测定仪。

4.4.2　辅助仪器和环境要求

热分析实验室区域设置原则上包括样品储存和准备区（可合并）、样品处理区和测试区。根据分区配备的仪器一般包括：

① 样品储存和准备区。电子天平、干燥柜、操作台等。

② 样品处理区和测试区。主机和软件、氮气或氧气瓶等。

③ 对于某些样品，需要测试其在热分

解过程中产生的气体或小分子物质，则需要 TGA 与傅立叶红外光谱仪（FTIR）进行联用。因此，可以将红外光谱仪放置在热分析室。

④ 实验室室温控制在 18~25℃，温度较为恒定的情况下，实验结果精确度和重复性较高。室温较高的情况下需开空调以保证环境温度在短期内相对恒温。湿度在 60%~70%。

4.4.3 热分析实验室的设计理念和方案

① 热分析仪是产物热性能分析常用的仪器，设备相对较小，并且属于精密仪器。可安排 1~2 间实验室布置。精密仪器室要求具有防火、防震、防电磁干扰、防噪声、防潮、防腐蚀、防尘、防有害气体侵入的功能。

② 在使用过程中不能有明显的震动干扰，房间选址应该在实验楼地面一层。并且为了保护仪器，实验室的装修应避免潮湿。

③ 每台仪器间应保持足够的距离，方便独立操作。

图 4-25 展示了 2 个热分析室的设计方案：

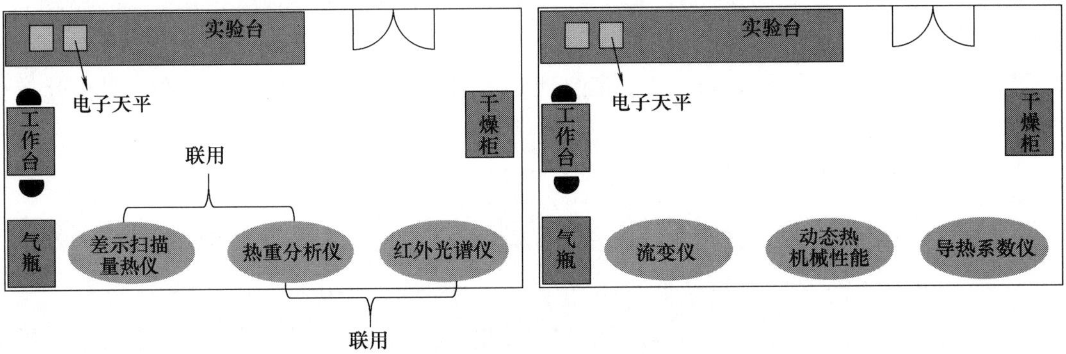

图 4-25　热分析室布局设计

4.5　加工成型室

高分子加工是高分子材料在实际应用的载体。高分子加工与高分子合成和高分子改性是高分子材料研究工作的三个组成，它们三位一体，各有所长、各又互补。

4.5.1 高分子加工设备与选择原则

（1）高分子加工设备设计原理。高分子加工早在 19 世纪 40 年代就已实现产业化，到 20 世纪 40 年代后期有了高速发展，至今因高分子种类与性能的繁多，形成无数种加工工艺及与之相应的设备。而随着社会的发展，对高分子性能的要求越来越高，因此对高分子研究的要求更高。如何提高高分子的研发能力，高分子实验设备是高分子的研发武器与重要组成。高分子加工研发实验分四个阶段：

① 筛选料阶段。特点：实验材料的微量；实验材料的种类多；实验的量多，只需取得一些基本数据，材料性能的可能性验证，确定材料的研究方向。

② 小试阶段。特点：用少量的材料做材料的工艺性探索，为后期的实验积累更多的数据。

③ 中试阶段。特点：在小试有了应用价值后，用小型设备做进一步的生产型探索和数据积累。

④ 大试阶段。特点：进入生产实验。

前 2 个阶段基本在实验室完成，后 2 个阶段基本在实验车间或直接在车间完成。因每个阶段实验的要求不同，条件不同，所需设备也有所不同，不易做简单放大。也不要做跳跃实验，因为跳跃会提高实验难度，进而增加成本。本章只针对第一、二阶段的实验工作展开。

高分子加工成型实验室有两大主要工作：

① 为材料性能测试准备样条，并做基本数据测试。

② 探索、验证材料的工艺性，为高分子材料生产做数据积累与工艺探索，减少高分子成型加工在后 2 个阶段研究中的材料、时间和人工的成本。

（2）高分子加工设备与生产设备之间的差异。我国工业起步较晚，高分子加工比国外晚了上百年，因此从生产设备到实验设备再到工艺流程，早期都是从国外引进。早期的实验设备基本都是小型化生产设备的，因高分子材料的特殊性，生产设备与实验设备的性能要求有许多的差异，差异如下：

① 用量的不一样，生产上要求电效比（电能与产量比），产量越高越好，而研究实验由于高分子合成和高分子改性材料来源的限定，材料的用量越少越好。

② 生产设备只需适用生产材料的性能要求，并求最佳。而研究实验设备要求对材料的广泛适应性。

③ 生产时较少更换材料，不轻易清洗设备。而研究实验为了防止实验材料间的污染，设备要频繁清洗。而且清洗时间是实验时间的几到几十倍，使得清洗的无用功时间占了总实验时间的大头。

④ 生产原材料的种类是在一定范围内的，性能也相似，工艺也会相似。为了操作方便与提高生产效率，广泛采用流水线生产。而研究实验的原材料在性能上的不确定性，使材料工艺也不确定，相对应的设备也不确定，流水线设备会制约研究工作。所以采用模块化设计，对不同工艺更友好。

⑤ 实验中通过会减少工艺因子，以减少实验难度，进而更易取得实验数据，降低了实验成本，工艺实验的成功概率也会提高。

⑥ 减少实验的工艺链，相较于生产的全链更易找出问题。所以用模块化实验设备在实验中更具优势。

综上六点，实验设备不能做简单小型化，小型化后实验设备在使用性和数据的可靠性都存在问题。以单螺杆为例，当单螺杆的直径小于 20mm 后，因螺槽深度与螺杆直径有一定的关系，而螺槽深度又与粒料直径有关联。当粒料直径一定，螺槽深度要大于粒料直径时，就无法满足螺杆强度的要求。同时，因螺杆的螺旋线长度与直径成比例，而缩小螺杆，螺旋线长度相应缩短，这样高分子熔融时间就会相应缩短，从而产生一连串的问题。要解决这些问题的方法是改变设备的设计原理。以混料的双螺杆为例：一般的平行双螺杆做到 16mm 就是一个坎，16mm 的平行双螺杆只能加粉料，加粒料螺杆的强度就存在风险，实验用量最少要在 100g 以上，这对合成得到的材料，是非常辛苦的工作，也增加了研究的周期。有幸前人想出了好方法，将螺杆长径比减小到小于正常值的一半；因螺杆减短而挤出力的减少，通过改成锥形增加压缩比，增加挤出力；因要实现实验用量小到5g，连进料段都取消了；再加上循环流道循环模拟不同的剪切量；还设计成同、异向螺杆兼用，将剪切强度的范围进一步扩大，适应更多性能的材料，成为研究实验专用的微型双锥螺杆机，它满足了高分子加工研究实验的大部分材料的加工要求，因循环功能还可做生产型机器无法实现的实验材料耐剪切性实验。现在又在同向双锥螺杆上，利用同向螺杆的排气性和循环时回加料口使熔融压力为零的工况，增加了抽真空功能。完善了研究实验的需求。这与生产设备的原理到方法都是不同。

而在注塑设备上减去了螺杆熔融的功能，将熔融由微量锥形双螺杆来完成；改为柱塞注塑，既实现了几毫升的微量注塑；又改善了清洗的工作难度；模具由螺丝固定的机械锁模，改成无螺丝固定的圆锥体锁模，极大减少了换模时间。具体的性能与应用，将在设备介绍中详述。

4.5.2 高分子加工设备选择原理

（1）高分子加工成型实验的设备选择方法。因实验材料的性能的不同，工艺性的不同，实验设备也会不同；高分子加工成型工艺繁杂，实验设备也相应众多；相同材料，相同工艺，不同实验阶段，实验设备也有差异。所以在选择实验设备前，先要按实验或教学大纲的要求，并确定材料类型、工艺与实验阶段，选定实验设备，这是一项技术性很强的工作。

（2）高分子加工成型实验室设备的选取原则。

① 按实验目的选取。材料测试样条、材料的加工种类（复合、改性、加工等）、材料性能的工艺要求。

② 实验设备还要具有对材料的加工种类间的兼容性（一机多能性）与功能延伸性。

③ 按实验阶段选取（加工的原材料实验量），筛选料阶段、小试阶段，一般中试和大试阶段都在生产车间完成。

④ 实验设备还要具有可靠的安全性。

⑤ 验设备还要具有筛选料阶段与小试阶段设备的兼容性——通过改变某些模块，就可改变阶段、实验量与工艺的需求。

⑥ 实验设备的模块化——模块化是便于实验工艺的多变和设备的多用性，提高设备的性价比和场地集约化的作用。

⑦ 实验设备具有性能扩展性——功能扩展性（功能沉余）也是设备的性价比和场地的集约化另一种实现方法。

⑧ 具有科研与教学兼用——科研与教学兼用有利于教学效率的提升；提高学生社会实践的适应性；提高设备的利用率。

⑨ 易操作性——操作者能在较短时间里学会使用，并降低操作失误，这是有效提高实验成功率的基础，不但节省了实验时间。还让操作者体会到工具的规范管理。

⑩ 数据化、网络化和智能化——随着社会的发展，数据化、网络化和智能化是必然的发展趋势，它既提高了实验效率；也提高了实验的手段；还提高了管理效率。

⑪ 功能的前瞻性——作为科学研究的工具，在功能的选择上要有前瞻性，要具备现

阶段较为先进的功能，甚至尚未推广的功能。在研究中，新的实验手段往往促成新的研究成果。

只有确定了实验设备，才能根据预算确定设备数量。接着计算场地面积。按设备以及功能设计实验室。当然实验室的安全性同样重要，如果预算有余，可以适当添加未来发展的功能。

如按教学大纲要求与面向工厂培训的高分子加工成型的实验室，趋向于小试型的生产设备小型化的实验设备，是从小试到中试转化的实验设备，虽不能像生产上的简单放大，但设计原理是与生产设备相似，更容易往生产上转，在人员的技能培训上与生产更接近。但不利于在微量实验材料的研究实验中使用。

在研究时，特别是筛选阶段。就要选用实验用量少、材料适应性广和清洗方便的实验设备。当然这类设备也具有教学功能，因其占地面积小，场地利用率高，便于多组同时在一个实验室操作，操作相对小型化实验设备更简单，可将理论和实践教学在同一教室中开展，提高教学效率。

4.5.3　典型高分子加工设备和工艺方法

塑料制品生产是通过一定的成型方法，将塑料（粉料、粒料、溶液等）制成所需形状的制品。随着高分子的生产和应用的快速增长，将高分子加工成各种制品的加工成型技术也有了相应的发展和提高。加工成型方法有物理加工成型和化学加工成型两种。物理加工成型是指塑料通过加热、熔融、冷却过程而制成制品，如挤出成型、注射成型、压延成型、铸塑成型、回转成型等。化学加工成型是指在加工过程中伴有化学反应，最后制成制品，如反应注射成型等。

（1）高分子材料预处理设备。在实验加工工艺中，如省去粉碎工艺，直接做下一道工艺是存在的。用简单的方法粉碎也有，如用液氮处理然后用粉碎机粉碎，在微量实验工艺中都是合理存在。在批量实验中就只能选用生产型的小型设备。

① 塑料粉碎机。塑料粉碎机有两种工作原理，第一种是采用双轴或单轴低速转动，利用刀盘对物料进行切、割、撕、拉。第二种是利用高速旋转的叶轮将长的双轴屑搅撕折断，高速旋转的主轴上串联着多片圆钢板，圆板连着主轴旋转。它是一种用于生产粗颗粒的机器，一般用于处理未经加工的原材料或边角料，使其尺寸更加细小。与其他破碎机相比，刀轴转速低、噪声小、能耗低。而且塑料破碎机是一种使用较为广泛的可加工废旧木材、废塑料、橡胶等一类物料的一种回收类设备，通过对不同物料的剪切破碎，可以使用到多种行业中，如图 4-26 所示。

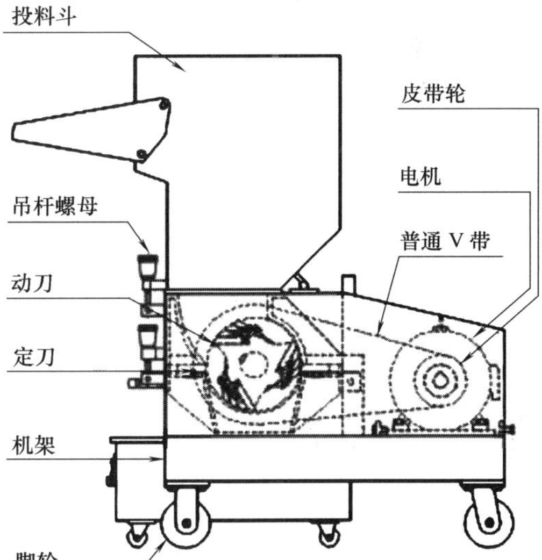

图 4-26　塑料粉碎机

② 球磨机。球磨机是物料被破碎之后，

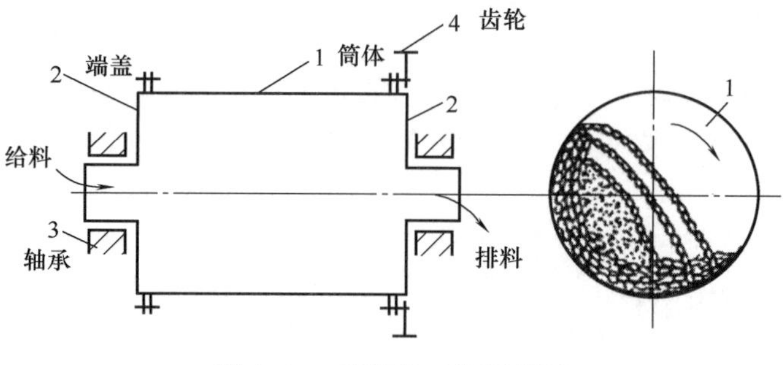

图 4-27　球磨机工作原理图

再进行粉碎的关键设备（图4-27）。球磨机是由水平的筒体，进出料空心轴及磨头等部分组成。

在实验室使用球磨仪器研磨样品时，研磨配件的合理配置是非常重要的，其直接影响到研磨后样品的出料细度。目前常用的研磨介质就是研磨球，建议保持研磨罐容积的三分之一为样品，三分之一为磨球，另外三分之一为研磨预留空间。

③ 高速捏合机。混合设备是利用机械搅拌及加热使物料均匀混合并预塑化。在此过程中，物料组分间充分扩散、对流、剪切。混合常用的设备有转鼓式混合机、螺带式混合机和高速捏合机如图 4-28。

（2）高分子材料的混合实验设备。将两种或两种以上的高分子物加以混合，使之形成一种表观均匀的混合物，称为高分子共混物，这种混合过程称为高分子物的共混。一般来说，高分子共混物各组分之间是物理结合。目前，要严格划分高分子共混物、高分子复合物、高分子共聚物是有困难的，这是因为大多数高分子物之间缺乏相容性。难以达到分子级的均匀混合（均相）；另一方面，实际的高分子物共混技术往往又伴随着接枝和嵌段共聚反应。通过高分子物的共混可以起到改变高分子物的物理机械性能、改善加工性能、降低成本和扩大使用范围的作用。

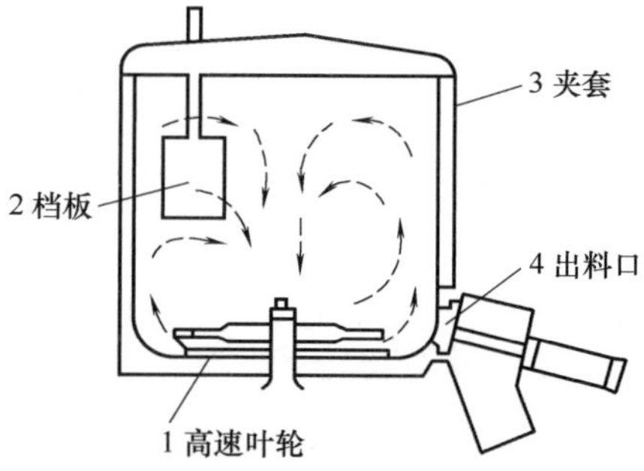

图 4-28　高速捏合机

① 开炼机。开炼机基本结构如图 4-29 所示。它主要由传动装置、一对能加热的平行辊组成。主要是通过辊筒的表面加热和辊筒间的强大剪切作用使物料熔融塑化。操作是以手工打三角包、用扁铲划开辊出物料的方法，使物料交叉叠加辊压。物料经过反复挤压、延展，各组分和颜色可以进一步分散均匀。塑好后拉成片供平板切粒机冷切成方粒。

开炼机以辊筒的直径与长度为选择参数，直径最小为 2in（1in = 2. 54cm），长度与直径成一定比例。辊筒的材质常见有硬、超硬和陶瓷，性能不同，用途不同，价格也有差异。动力有变频与伺服之分，伺服较稳定。

图 4-29　开炼机

② 密炼机。经混合得到的干混料使得原料组分有了一定的均匀性，但高分子本身合成时因局部的聚合条件差别，或多或少存在着胶凝粒子，此外，高分子还可能含有杂质，如单体、催化剂残余体和水分等。塑炼的目的在于借助加热和剪切应力使高分子熔化、剪切、混合而驱出其中的挥发物并

进一步分散其中的不均匀组分。这样使用搅拌、塑炼后的料粒就更能制得性能一致的制品。

密炼机由密炼室、一对转子、压料装置、卸料装置、加热冷却装置及传动系统组成。干混料由加料斗加进混炼室后，压料装置下降，当两转子成反方向并有一定速度（一般两转子速比为 1∶1.1~1∶1.8）旋转时，被塑物料在转子间、转子与混合室壁间受到强烈的撕裂混合，塑化好的物料由卸料门排出。实验设备的实验量过少，一般不设卸料门，由人工取出如图 4-30 所示。

目前市面上单次实验量有 30/60/100/200mL 至更大，30mL 较少见，多用 60mL。密炼机动力有变频与伺服之分，伺服较稳定。

③ 平行双螺杆。平行双螺杆的特点：1 强制输送；2 剪切力大、混炼型化效果好；3 有自清洁作用。螺杆的旋转方向不同，物料的混炼效果，螺杆的受力情况及自清洁作用不同。同向旋转双螺杆的混合效果比异向旋转双螺杆的好，因为啮合处两螺棱的速度方向相反，螺杆变形小；同向旋转的双螺杆由于剪切速度大，自清洁作用比异向旋转双螺杆的好；同向旋转的双螺杆挤出机多用于混料，异向旋转的双螺杆挤出机的挤出原理是正位移挤出，优于同向旋转双螺杆，多用于挤出制品。

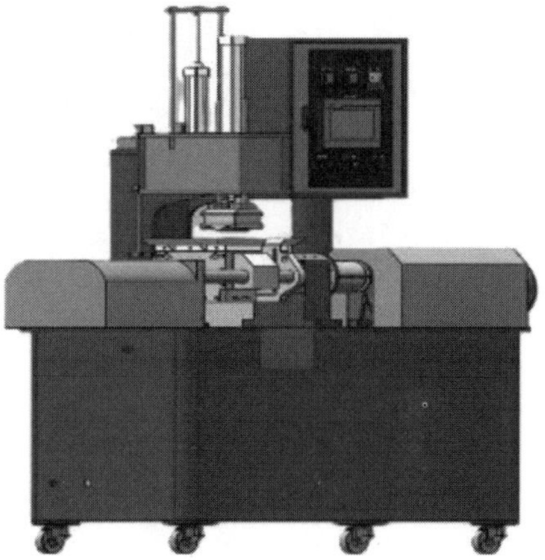

图 4-30　密炼机

实验用双螺杆挤出机的多选积木式，通过不同的功能积木块，实现不同的剪切与混炼效果，以针对不同特性的高分子材料，如图 4-31 所示。

选择参数有：①螺杆的旋向；②螺杆中心距，一般小于 35mm，过小要考虑加料的限定与扭矩的限定；③螺杆的长径比；④螺杆承受的扭矩；⑤推力轴承的承载能力。螺杆中心距与螺杆的长径比的选择决定了最小实验量。

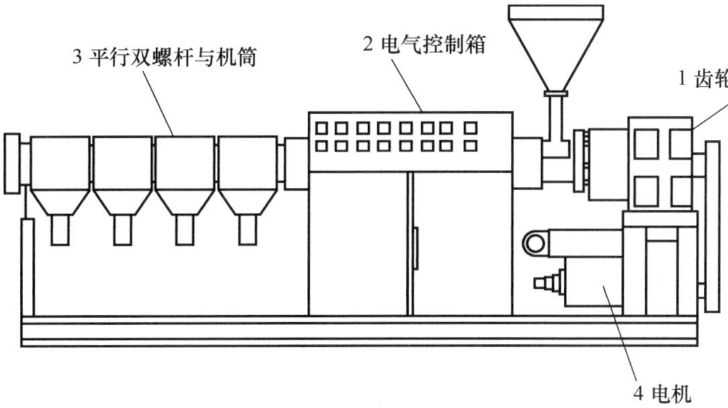

图 4-31　平行双螺杆挤出机

④ 微型异向锥形双螺杆。除具有平行双螺杆特点外，还具有特点：可实现微量实验；可循环混料；螺杆可拆卸清洗，腔板能打开清洗。

目前市面上单次实验量有 5/10/15mL 几种规格选择。机器分立式和卧式两种。立式占地小，做有液体的实验较方便。卧式螺杆有定心结构，寿命较长。

⑤ 微型同向锥形双螺杆。除具有平行双螺杆与微型异向锥形双螺杆特点外，同向螺杆还具有排气性，有抽真空的功能。优点是可高速挤出、受热时间短且受热均匀，自洁性能好。

目前市面上单次实验量有 5/10/15mL 几种规格可供选择。机器分立式和卧式两种。立式占地小，做有液体配方的实验较合理。卧式螺杆有定心结构，寿命较长。

微型异向、同向锥形双螺杆设备的外观如图 4-32 所示。

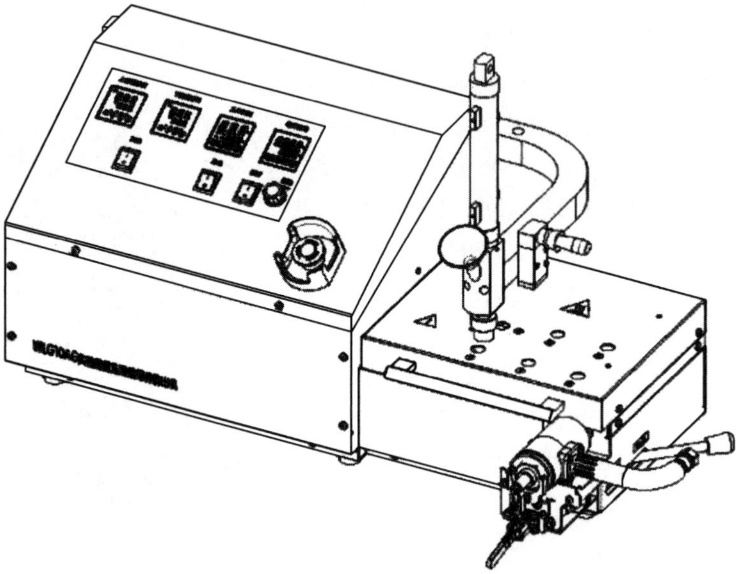

图 4-32　微型异向、同向锥形双螺杆设备的外观

（3）高分子的压塑成型设备。压塑成型又称模压成型或压制成型。这种成型方法是先将粉状、粒状或纤维状等塑料放入成型温度下的模具型腔中，然后闭模加压、排气而使其成型并固化。压塑成型可用于热固性塑料和热塑性塑料。

① 压机。压机的作用是通过塑模对高分子施加压力、开闭模具和顶出制品，压机的重要参数包括公称重量、压板尺寸、工作行程、柱塞直径（电动没有此参数）、工作温度和抽真空功能。这些指标决定着压机所能模压制品的面积、厚度以及能够达到的最大模压压力和使用性能。机器结构有上动式液压机和下动式液压机之分。

压机一般较大，多为落地式，为了适应实验要求，现在有桌面型机器如图 4-33 所示。具有预压工艺程序控制的压机提高了模压的排气能力，既提高了产品质量也提升了效率。

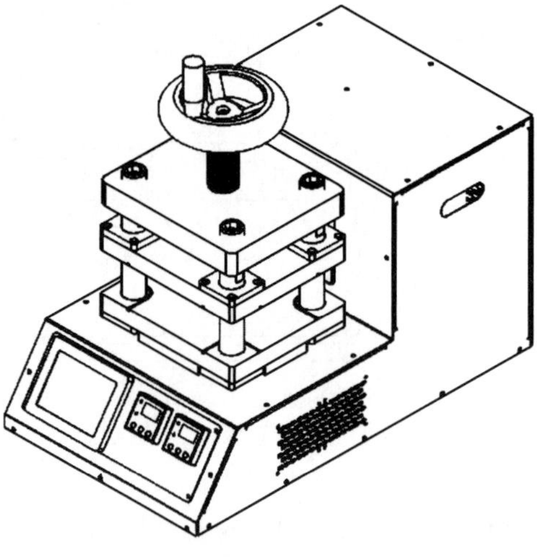

图 4-33　程控桌面压片机外观

② 塑模模具。按 GB/T 9352—2008/ISO 293：2004《塑料　热塑性塑料材料试样的压塑》与 GB/T 5471—2008/ISO 295：2004《塑料　热固性塑料试样的压塑》的标准，热塑性塑料材料试样的压塑采用溢料式模具［图 4-34（a）］和非溢料式模具，热固性塑料试样的压塑采用非溢料式模具［图 4-34（b）］。

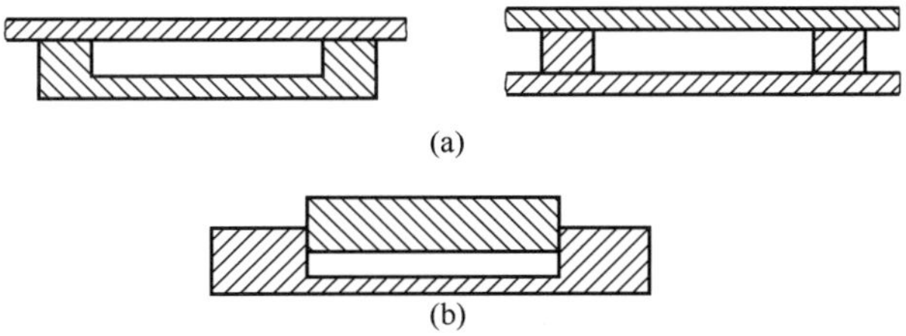

图 4-34　压塑模具
（a）溢料式模具　（b）非溢料式模具

溢料式模具具有机构简单、价格便宜、操作方便的优点，同样带来了样品厚度精度差、排气不佳、数据离散性大和寿命短的问题。不溢料式模具也同样存在厚度精度差和排气不佳的问题，这些问题是过去制造精度不高引起的。实际在生产中常用的是半溢料式模具，这种塑模兼具以上两类结构特征，按其结合方式的不同，又可分为无支承面与有支承面两种。

有支承面的这种塑模（图 4-35）除设有装料室外，与溢式塑模很相似。由于有了装料室，它还适用于压缩率较大的塑料。塑料的外溢在这种塑模中是限制式外溢，因为当阳模伸入阴模时，溢料只能从阳模上开设的跑料槽（其数量视需要而定）中溢出。不用这种设计而在阴模进口处开设向外的斜面亦可。基于这样一些措施，所以每次用料的准确度和制品的均匀密实都能得到较好的保证。同时当改变支承块的尺寸时，可以改变样条的厚度尺寸，实现一模多用。

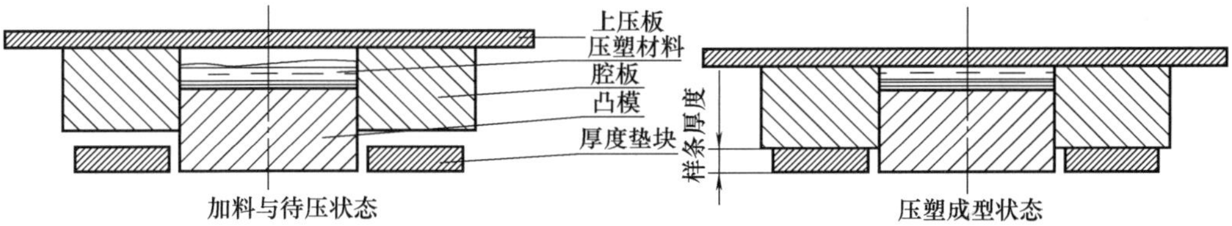

图 4-35　半溢料式压塑模具

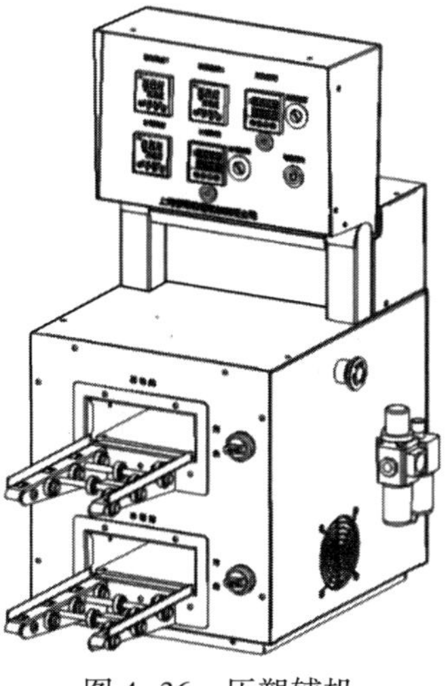
图 4-36　压塑辅机

因塑模有足够的厚度，在模具边缘可加装手柄，手柄设计时要伸出压机压板外，同时要求塑模在推入压板时，通过手柄上的限位，塑模能定位在压板的中心，使压塑成型时，压板的压力中心与塑模的压力中心重合，即保证了压塑成型的精度，又能安全操作。

③ 压塑辅机。按 GB/T 9352—2008/ISO 293：2004《塑料　热塑性塑料材料试样的压塑》中的要求，冷却有 4 种方法，但一般很少用，主要原因是没有相适应的设备。这里建议用一种压塑辅机（图 4-36），它有一个加热模腔和一个冷却模腔。模压工序可分为塑模加温、加料、闭模、排气、固化、脱模与模具清理等。塑模加温预热，减少塑模在压机里的加热时间，既可减小对实验材料的热分解程度，又可缩短压塑周期。固化冷却时，放入冷却模

腔，模腔可按表 4-1 中的 4 种冷却要求进行程控冷却，以实现材料的研究需求。

表 4-1　冷却方法

冷却方法	平均冷却速率/(℃/min)	冷却速率/(℃/h)	备注
A	10 ± 5		
B	15 ± 5		
C	60 ± 30		急冷
D		5 ± 0.5	缓冷

（4）造粒设备。

① 压塑成型压条模具。通过压机与成条压塑模具，将成块的高分子压成三角形的条料，直接或剪成粒料，为后期加工提供原料。优点：可微量加工；操作简便；可在熔融温度下压塑，对材料的热损伤小。

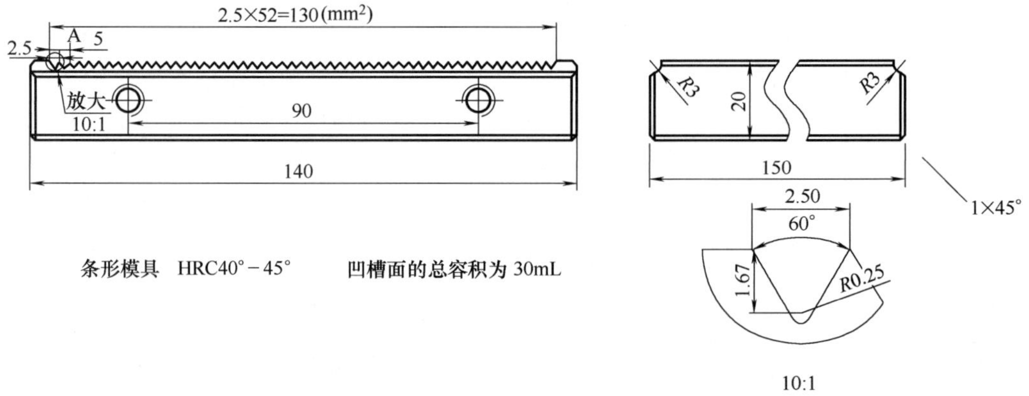

图 4-37　压塑成型压条模具（单位：mm）

② 平板切粒机。塑料片是经上、下圆辊刀纵向切断成条状，然后通过上下侧梳板经压料辊送入回转甩刀与固定刀之间，横向切割成颗粒状。粒料经过筛斗，将长条及连粒筛去。平板切料机（图 4-38）是经密炼机、开炼机练塑出的片材或片形材料切成方粒的设备。可实现少量加工。

③ 切粒机。将单螺杆挤的与成条压塑模具压的条切成粒（图 4-39）。

（5）高分子材料的注塑成型实验设备。注射系统是注塑机的主要部分，其作用是使塑料均匀地塑化并达到流动状态，在很高的压力和较快的速度下，通过螺杆或柱塞的推挤注射入模。注射系统包括：加料装置、料筒、螺杆（或柱塞及分流梭）及喷嘴等部件。

① 注塑机。注塑机可采用气动、电动两种模式。

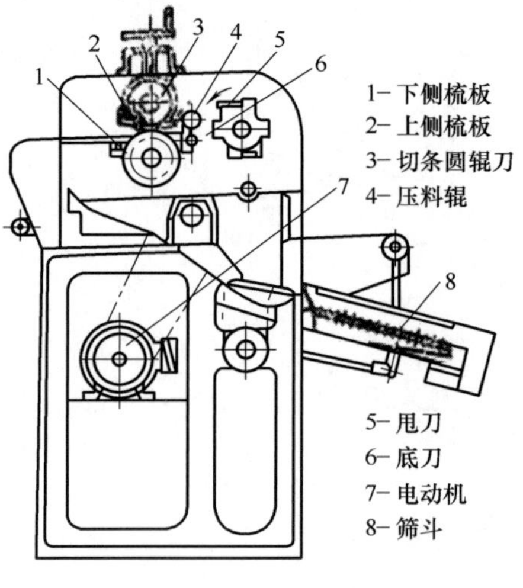

图 4-38　平板切粒机

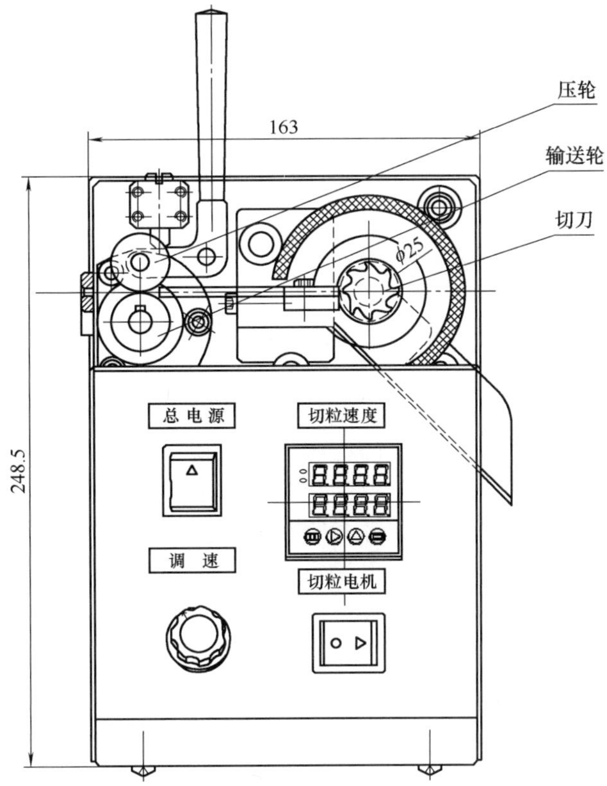

图 4-39　微型切粒机（单位：mm）

实验用气动注塑机是一种柱塞式注塑机［图 4-40（a）］，它将生产型注塑机的螺杆挤出，改为柱塞，实现了几毫升的微量注塑，并达到实验材料的广泛适应，因是直筒型，清洗方便；还将通用模具改为圆锥形模具，做到不用螺丝固定模具的一秒换模的功能；立式设计，占地小；国内机器还开发了机械顶模、中心进料与双料注塑模具，极大地扩展了实验用气动注塑机的功能。

实验用电动注塑机［图 4-40（b）］是在实验用气动注塑机的基础上，将气动改为电动，改善了实验用气动注塑机样条数据离散性大的问题，并增加了注塑速度与压力的数据显示和输出。不仅能打样条，还可对注塑工艺进行研究，扩大了实验用注塑机的功能。

② 微型全电动注塑机。它是将通用注塑机动力的液压控制改为全电动（图 4-41），改善了实验室的工作环境，操作趋于简单；并实现了迷你化，大小仅一个写字台大，便于教学的实施。

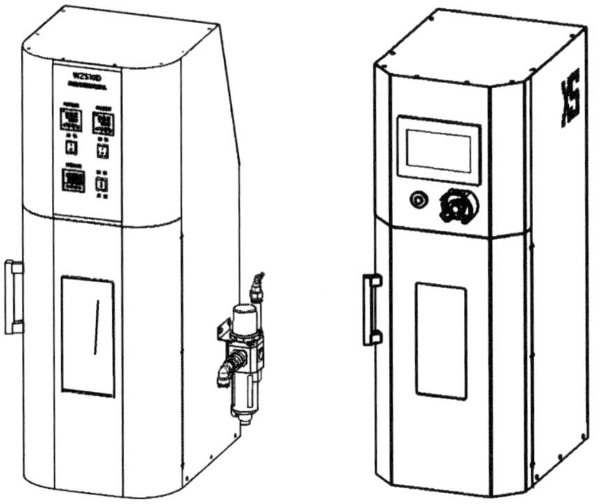

(a)　(b)

图 4-40　注塑机

（a）实验用气动注塑机　（b）实验用电动注塑机

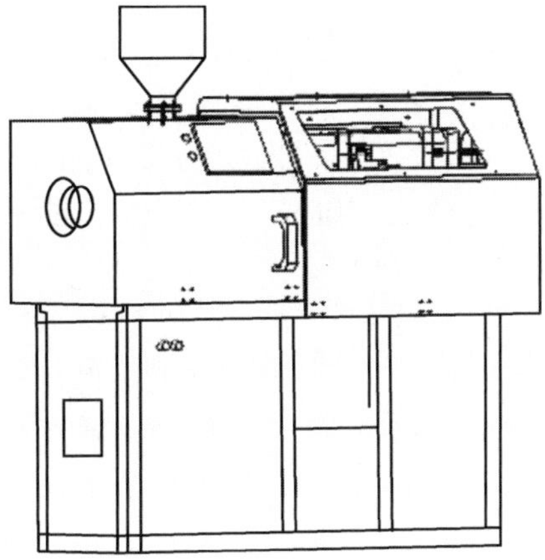

图 4-41　微型全电动注塑机

表 4-2 将以上涉及的注塑机的性能进行了比较。

表 4-2　　各类注塑机性能比较

比较方面	实验用气动注塑机	实验用电动注塑机	微型全电动注塑机	通用注塑机
实验用量	10mL	10mL	50mL	200mL
机器清洗	较方便	较方便	时间较长	时间较长
模具更换	容易	容易	时间较长	时间较长
材料适应性	较广	较广	一般	一般
学习适应性	方便	方便	一般	较复杂
占地面积	0.4m×0.5m	0.4m×0.5m	0.6m×1.2m	0.6m×3m

(6) 高分子材料的挤出实验设备。挤出成型通过对受热熔融高分子挤压推动，强行通过模口而成为具有恒定截面的连续型材的一种成型方法。随着高分子挤出成型法的广泛应用和发展，高分子挤出机的类型也日益增多，分类方法也较多，按有无螺杆、螺杆数量、排列方式及安装方式等来分类，本文只限于适合实验挤出的种类叙述。

① 单螺杆挤出机。在塑料挤出机中，最基本和最通用的是单螺杆挤出机。其基本结构主要包括传动、加料装置、料筒、螺杆、机头与口模等五部分。

螺杆是挤出机最主要部件，它直接关系到挤出机的应用范围和生产率。通过螺杆的转动对高分子材料产生挤压作用，高分子在料筒中才能产生移动、增压和从摩擦取得部分热量，高分子在移动程中并得到混合和塑化，黏流态的熔体在被压实而流经口模时，取得所需形状而成型。螺杆是用高强度、耐热和耐腐蚀的合金钢制成。

由于塑料品种很多，性质各异，因此为适应加工不同塑料的需要，螺杆种类很多，结构上也有些差别，以便对塑料产生较大的输送、挤压、混合和塑化作用。表示螺杆结构特征的基本参数有直径、长径比、压缩比、螺距、螺槽深度、螺旋角、螺杆与料筒的间隙等。直径决定单次实验的用量，直径越大用量越多；长径比大小与高分子材料的混合和塑化程度有关；压缩比取决于高分子材料加工前的形态；螺杆与料筒的间隙影响高分子挤出压力与稳定性，这是单螺杆选择的基本要素。

小试实验选用螺杆直径小于 35mm 的单螺杆，因螺杆结构的原因，螺杆直径小于 20mm 的单螺杆，其螺杆强度就成为主要问题，因而要实现单次少的实验用量有困难。螺杆直径为 20mm 的一般产量在 0.5～1.5kg/h，最少单次用量为 0.5kg。

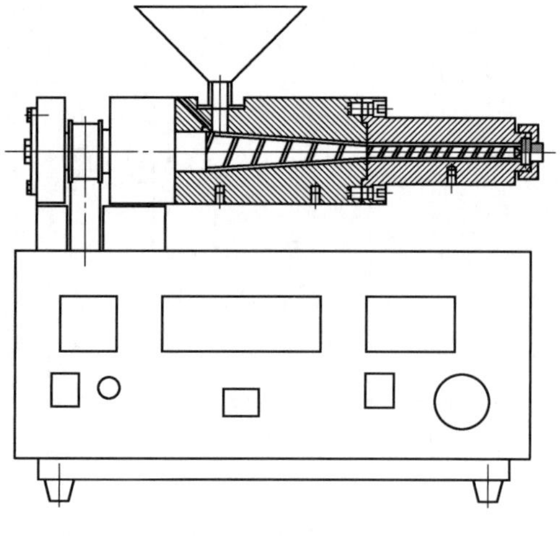

图 4-42　复合式单螺杆挤出机

图 4-42 展示了一种优秀的小试实验用复合式单螺杆，它既解决了小直径螺杆强度的问题，又解决了小直径螺杆的混合和塑化程度不足的问题。它将螺杆的进料与熔融段设计成锥形，计量段还是直的，这样把进料难与螺杆强度一对矛盾的问题同时解决；因锥型形成高压缩比，使得进料量比挤出量大

了很多，从而高分子材料在熔融段来回流动，增加了材料的混合和塑化程度；同时解决了在一般单螺杆中难解决的絮状料熔融挤出问题，还实现了产量在 0.1~0.5kg/h，最少单次用量 0.05kg 的实验要求。

② 双螺杆挤出机。在混合实验设备里已介绍如图 4-32 所示，同时也可直接挤出造粒。双螺杆挤出机是一种小试阶段性能优越的挤出设备。

③ 法向应力式挤出机。黏弹性流体的法向应力效应可以作为泵的基本原理，黏弹性流体（或将要熔融的热塑性塑料颗粒）从旋转盘的外部边缘加入。当流体受到剪切时，沿着和垂直于流线方向上会产生剪切应力和法向应力。沿流线方向法向应力起张力作用，通过力平衡还表现出径向向内的分量。这使黏弹性流体沿搅动棒向上爬［图 4-43（b）］所示的流体沿径向内部进入口模。用作实验室设备成型少量高分子加工。

这种结构的最大优点就是与单螺杆具备同样长度的螺旋线，但熔融体积却减少了很多，从而实现微量连续挤出。

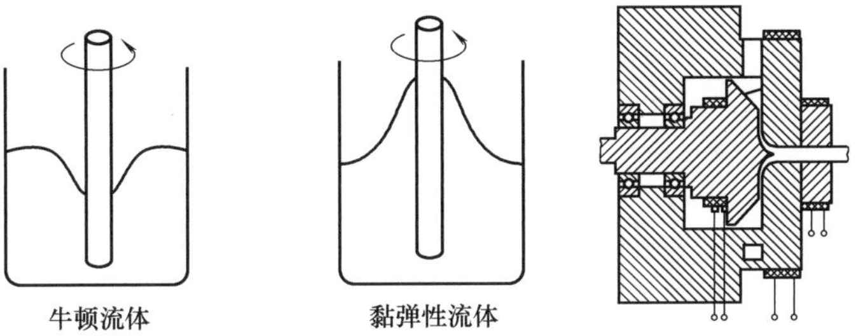

(a) 牛顿流体和黏弹性流体在搅拌时的行为　　(b) 法向应力泵

图 4-43　流体行为和法向应力泵

④ 微量柱塞式挤出机。柱塞式挤出机的主要部件是一个储料筒和一个由伺服驱动的柱塞。操作时，先将微量的已经塑化好的高分子注入储料筒内，然后作用柱塞的压力将高分子挤出模口外。料筒内高分子挤完后，柱塞退回原位再进行下一次操作。

柱塞式挤出机由于是间歇工作的，所以在早期生产上已被其它挤出机所代替。但在微量实验时，满足了实验量小、设备清洗方便和材料性能适应性广的要求。在挤出黏度较大或有自润性的物料，需要很大的压力时，如挤出聚四氟乙烯、高分子量聚乙烯和硬质聚氯乙烯等，柱塞式挤出机也能轻松实现，因挤出工艺的不同有立式、卧式之分（图 4-44）。柱塞式挤出机能实现几毫升的挤出加工，可通过更换储料筒与模口，实现多种挤出加工，做到一机多能，是微量实验挤出的理想设备。

（7）高分子纺丝系统。高分子纺丝分熔融纺与溶液纺两类，是工作原理与工作流程不一样的工作。特别在中试与大试设备中是两类完全不同的设备。但在小试与筛选料过程中，因某些工艺的相似性，如单丝纺丝工艺由挤出机、机头、冷却装置、牵伸设备、热处理设备、收卷设备组成。我们就可设计成模块化装置，利用相似性组合各自相对应的工艺试验线。将生产中复杂的工艺流程简化成实验线，通过减少因素的方法，更容易的找出基本的实验数据。基于这样的实验思路，将挤出模块根据用量和模口的不同，采用多种的挤出模块以适应；冷却系统也根据材料的特性，设计成多种冷却模块，但它们的牵引、烘道、收排丝工艺都有相似性能通用。这样还实现了改变挤出模块就实现实验阶段方便过渡，提升了实验的效率。

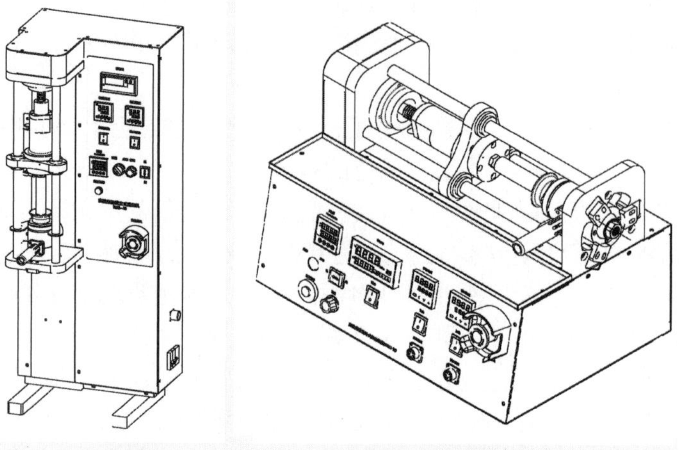

(a) 立式　　(b) 卧式

图 4-44　柱塞式挤出机

在挤出模块的选择时要注意，挤出模块的挤出量要与模口孔数与孔径匹配；挤出模块熔融容积要与挤出时间匹配，要保证在材料热分解前挤完；挤出模块的挤出速度要与材料特性和模口长径比匹配；挤出模块的挤出速度要与牵引速度和收排丝速度匹配；挤出模块的挤出速度要与材料温度和冷却与烘道长度匹配。做好这些匹配，实验线就可正常运行。

高分子纺丝的几种挤出模块：

① 实验用复合式单螺杆纺丝系统。复合式单螺杆在前文中已有介绍。它计量段 12mm，螺筒与螺杆间的容积小于 20mL，通过计量加料，可实现熔融材料在机器里小于 15min 的停留时间。因螺筒与螺杆间隙小于通常的螺杆，可做到小于 5%的挤出稳定。达到单丝的连续熔融纺丝要求，如图 4-45 所示。

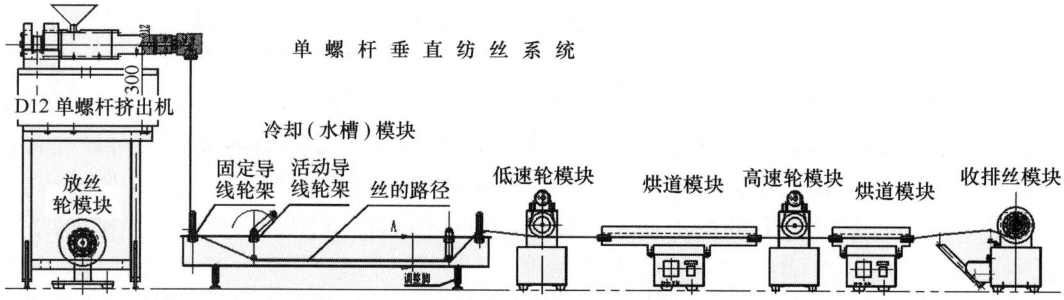

图 4-45　高分子迷你纺丝系统（单位：mm）

② 立式微量挤出机纺丝系统。它由伺服恒速挤出机构、各种带温控的储料筒和多种模口组成。可实现熔融纺与溶液纺微量（10mL）实验要求，储料筒的容量 10～200mL 多种规格，适应不同的挤出速度。模口有可弃式与定制式之分，还设计成不同孔数与长径比的模口供实验用。图 4-46 所示设备特点与参数为：

a. 系统为桌面型设备，由立式柱塞微量挤丝机、冷却（水槽）模块、高/低速牵引模块、烘道、收排丝模块和放丝轮模块组成。

b. 可加工 0.1～0.5mm 的熔融纺与溶液纺丝，模口孔径 0.3～1.7mm，通过更换模头实现。

c. 模口有可弃式与定制式之分，还可设计成不同孔数与长径比的模口供实验用。

d. 系统为模块化设计，每个组件都可单独工作，还可创新模块实现新工艺。

e. 挤丝模块的顶头下压速度在 5~50mm/min，顶头压力可测。

f. 储料筒容积有 10、50、100、200mL 等规格，以孔径与数量参数选择。

g. 储料筒最高加热温度在 420℃。

h. 高低速轮模块间的牵伸比可在 1~4 调控。

i. 可实现热/冷牵引。

j. 烘道模块的长短与数量，可根据拉丝速度选择。

k. 收卷筒有多种选择。

l. 通过放丝轮可实现多次牵伸。

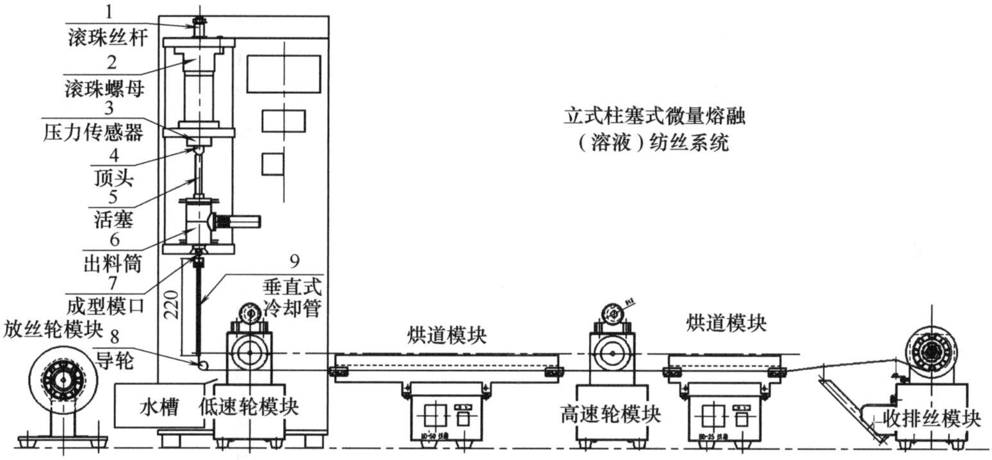

图 4-46 高分子微量纺丝系统（熔融纺与溶液纺）（单位：mm）

③ 气动滴胶打胶针筒。它是利用标准的滴胶工具，将溶液纺液加入胶腔内，插入活塞，拧上后盖，对后盖气孔内通气压，通过调节气压来调节推力，将溶液纺液从针筒针口挤出（图 4-47）。后面的辅助模块与立式微量挤出机纺丝系统相仿。气动滴胶打胶针筒的材料由金属与塑料组成，金属可适当加温。金属气动滴胶打胶针筒有 35~200cm^3 多种规格可选，因气压做动力，空气的可压缩性，推力的稳定性较差，但实验的设备结构简单，成本较低。

④ 计量泵式挤出式计量泵（齿轮泵）。它对熔融或溶液材料的通过模口挤出成丝，基于计量泵的工作原理，齿轮在高速时会挤出很稳定，低速时因齿间的间隙引起泄漏，压力和流量会不稳定，所以一般流量在 1000mL/h，对实验量有一定要求。如果是熔融纺，还要加螺杆熔融。后面的辅助模块与立式微量挤出机纺丝系统相仿，其示意如图 4-48 所示。

图 4-47 气动滴胶打胶针筒

（8）高分子挤条。

① 实验用复合式单螺杆。前文中已介绍该设备的特点。因螺筒与螺杆间隙小于通常的螺杆，挤出压力较大。通过补偿式挤出模头（图 4-49），通水或油调节模口的温度，挤出成条或棒。产业化生产棒材一般采用补偿式挤出模头，优点是成型工艺简单，不用外加定型机构，成型材料密实无缩影。适合小试实验，可直接加工弯曲、冲击与拉伸样条。

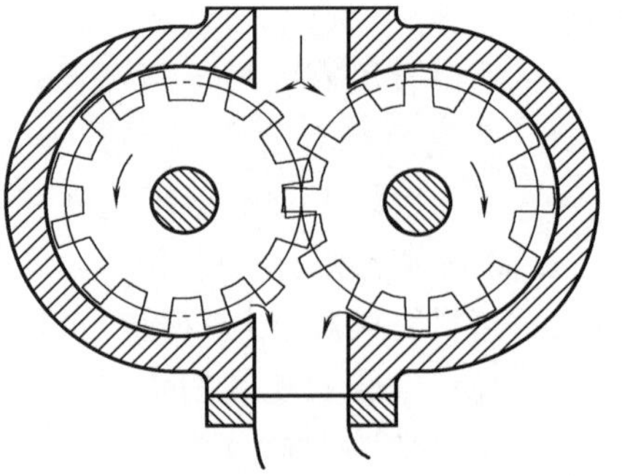

图 4-48　计量泵式挤出

② 卧式柱塞微量挤出系统。它由伺服恒速挤出机构、各种带温控的储料筒和多种模口组成（图 4-50）。储料筒的容量有 50~200mL 多种规格，适应不同形状截面的不同挤出速度。

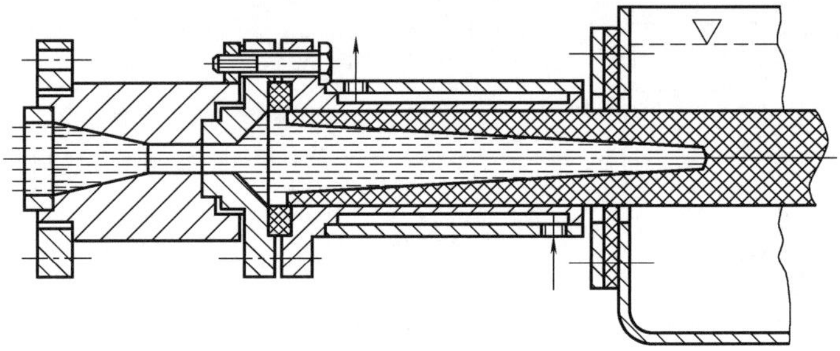

图 4-49　补偿式挤出模头

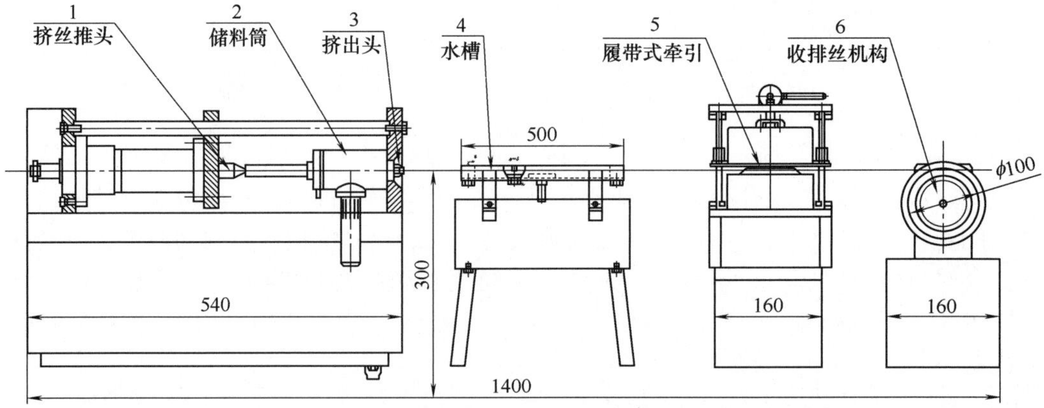

图 4-50　卧式柱塞微量挤条（包覆）系统（单位：mm）

（9）高分子挤管。

生产型挤管系统　主要包括：主机、机头、定型装置、冷却装置、牵引装置和切割装置。主机螺杆规格由管材的截面积与牵引速度而定。

机头的型式有很多种，主要有直通式和直角式机头。直通式机头，挤出机螺杆、机头、管材三者同心。结构简单，制造成本低，使用比较普遍。缺点是分流筋产生的合料线不易清除。直角式机头管材挤出方向与挤出机供料方向成直角。分流为芯棒形式，无合料线问题。管材挤出的冷却定型方法一般有两种，外径定型法和内径定型。

真空外径定型套见图 4-51（a），该套上设真空室和冷却水室。管材被真空段吸附在套内壁上，同时，冷却段通入冷却水冷却。真空套与机头相距为 20～80mm，管材先经空气冷却，然后进入真空定型套。定型套分为三段，通常是第一段冷却，第二段抽真空，第2段继续冷却。一般抽真空时控制真空度为 300～500mm 汞柱，真空段上真空眼直径为 0.5～1.0mm，均匀布置。采用该种方法定型，外套尺寸较大，真空段长度不能大长，孔眼不能太密，定型套总长度取 4～6 倍的套内径。

内径定型套见图 4-51（b）：通常用于直角式机头。将芯膜延长出 80～300mm，内部通冷却水，靠芯模延长轴外径确定管子内径。管材可以保证内径尺寸公差，延长轴设计成锥形，其锥度为 0.6%～1.0%。

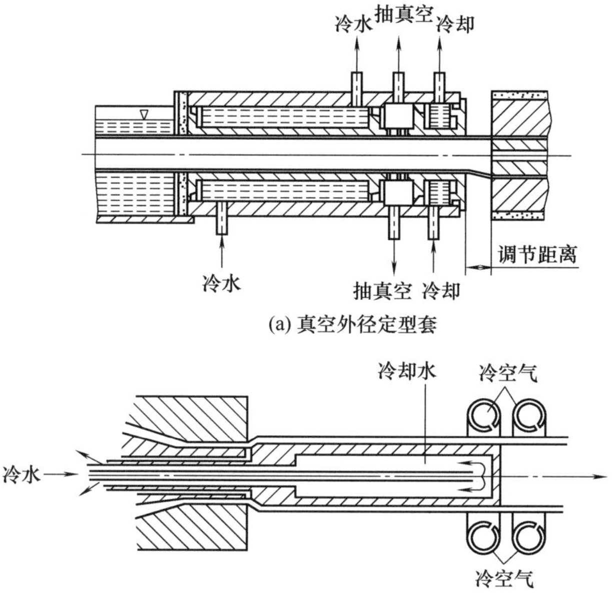

(a) 真空外径定型套

(b) 内径定型套

图 4-51 冷却定型

选择哪种方法定型需根据管材尺寸、外观要求等因素决定。真空定径的方法，生产稳定易于控制，但真空设备费较贵，外径尺寸公差能得到保证，管外表面光洁度高。内径定型法与此正相反，内径尺寸公差好，又因用了直角式机头，管子上没有因分流器支架产生的接合缝。

牵引机常用的有三种：橡胶带式、滚轮式和履带式。对牵引机的要求是能提供一定的牵引力和牵引速度，且牵引速度可调整，牵引力能保持恒定，牵引机对管子的夹持力应能调整。

切割装置有手动和自动两种方式。口径小于 Φ30mm 的管子用剪刀切断；中等口径及大口径管材使用自动切割装置。

生产型迷你挤管系统长度至少在 6m 以上，占地大，用料也较多，而且调试要有一定的技术，只能做小试用。迷你挤管系统是生产型挤管系统的简化版，只有主机、机头和定型装置（图 4-52）。只适合加工直径 10mm 内，壁厚 0.5mm 的管材。主机是实验用复合式单螺杆，机头选直角式机头，定型装置用内径通气定型法。因其工艺简单，实验用料少、清洗方便、占地少等优点，适用于小试。

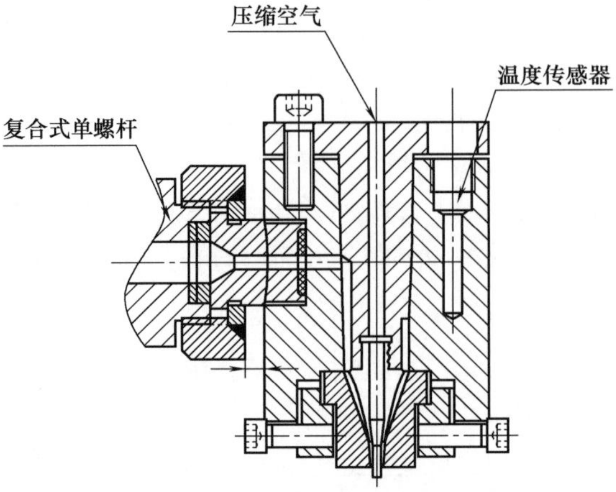

图 4-52　内冷式管模头

微量挤管系统是为微量（10~50mL）设计的，它由立式柱塞微量挤出机、管用储料筒、管模口（图 4-53）和空压机组成。只适合加工直径 6mm 内，壁厚小于 0.5mm 的管材。微量管模头具有管芯可换功能，在外径不变的情况下，可得到不同的壁厚。因其工艺简单，实验用料少，比迷你挤管系统清洗还方便，占地少等优点，适应筛选阶段。

（10）高分子包覆（皮芯）。

① 微量皮芯加工系统。皮芯加工是通过挤出方式将两种高分子材料制成线材，线材里、外分层，可同心，也可相割。在工业生产时是用两台螺杆挤出机，通过皮芯模头挤出成型。通过冷却组件、高低速牵引、烘道与收排丝机构完成加工。因材料的性能要求不同，工艺组件会有增减或变化。此加工工艺所需样品量在各 0.5kg。

而微量皮芯加工系统是用卧式柱塞微量挤出系统、皮芯专业储料筒和皮芯模口（图 4-54）加工成皮芯线材，并通过冷却模块、履带牵引模块与收排丝模块，实现皮芯加工。而此加工工艺所需样品量少至各十几毫升。

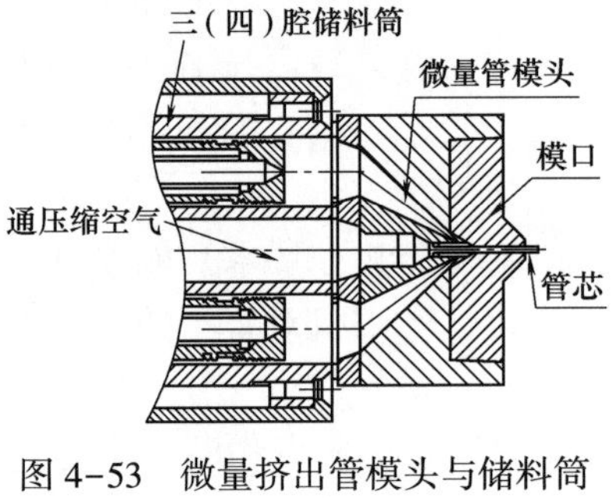

图 4-53　微量挤出管模头与储料筒

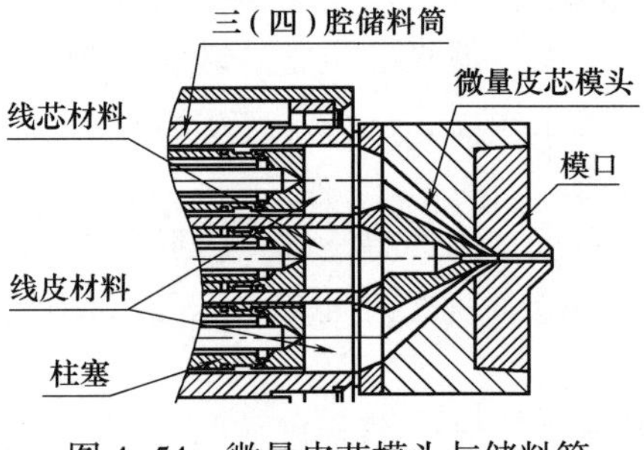

图 4-54　微量皮芯模头与储料筒

② 迷你包覆系统。包覆加工在生产中最多的用途就是电线加工，目前最小用量的实验方法是：用实验用复合式单螺杆+包覆模口，将校直好的金属线材通入模口，使模口里的高分子包覆在金属线材上，形成包覆线材，在通过冷却模块、牵引模块和收排丝模块，形成完整工艺。该工艺只要 50g 原料就可实现实验要求（图 4-55）。用迷你型生产设备，

原料用量要更多。

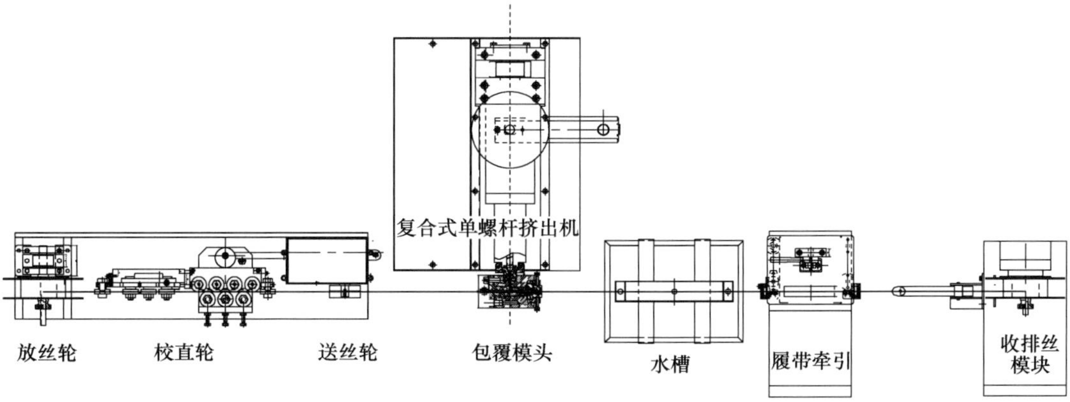

图 4-55 迷你单螺杆包覆挤出系统

（11）高分子膜的加工。高分子薄膜的工业成型方法主要有挤出吹塑法、压延法和流延生三种。但这三种方法的实验用料量很多，最少也要上公斤级。这样就阻碍了实验的进行。所以实验方法要在工业成型方法上改变，以符合实验的要求。

① 压塑制膜。压塑制膜的工艺流程：制 1~2mm 厚，直径小于 20mm 的圆或方型片材（注塑/挤出成型），经 N 次压塑成型（专用压膜压模），专用压膜压模要求平面度在 0.003mm，洛氏硬度（HRC）在 45°以上，模具尺寸小于 120mm×120mm。这是制模用量最少的方法，但膜的成型材料没有取向。

② 微量挤片。微量挤片方法：用微型锥形双螺杆熔融、混合、挤入储料筒，用柱塞式挤出机+储料筒+片模口，制成 1~2mm 厚、20mm 宽的片材（图 4-56）。在通过压塑制膜或三辊压延制膜，完成制膜流程。此方法只要 10 mL 的料就可实现片材的备制。如果将储料筒和模口做变化，还可挤多层膜，配合三辊可实现压延。

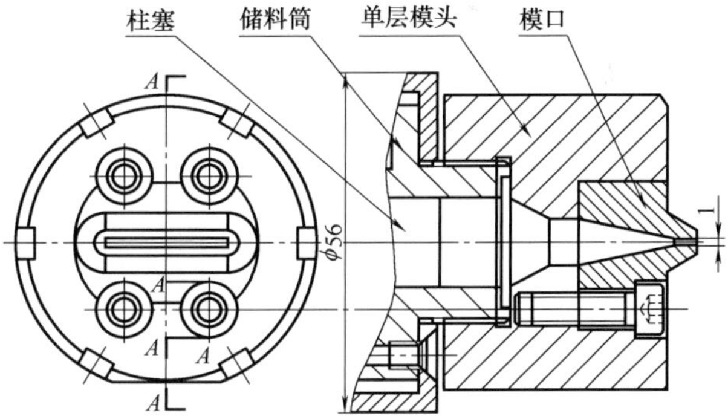

图 4-56 单层模头与储料筒（单位：mm）

③ 吹膜。挤出吹塑法是高分子经挤出机熔融进入机头，出机头的熔融高分子呈圆筒状膜管，向膜管中吹入一定量的压缩空气，使其膨胀，后经冷却、牵引、卷取成膜。挤出吹塑薄膜生产工艺简单，成本低，适用于热塑性塑料的成型加工。吹塑成型得到的薄膜是筒状，可用热封机械制成袋子，也可切割展开铺平。吹塑薄膜根据引膜方向可分为平挤上吹法［图 4-57（a）］、平挤平吹法［图 4-57（b）］和平挤下吹法［图 4-57（c）］。

上吹法应用最广，薄膜泡管在机头正上方，膜管经吹胀后成薄膜，由牵引辊夹紧牵出，牵引稳定，能生产厚度范围大和宽幅的薄膜，而且挤出机安装在地面上，操作方便。缺点是管膜周围的热空气流向上，而冷空气流向下，对膜管的冷却不利，不宜用于熔融粘

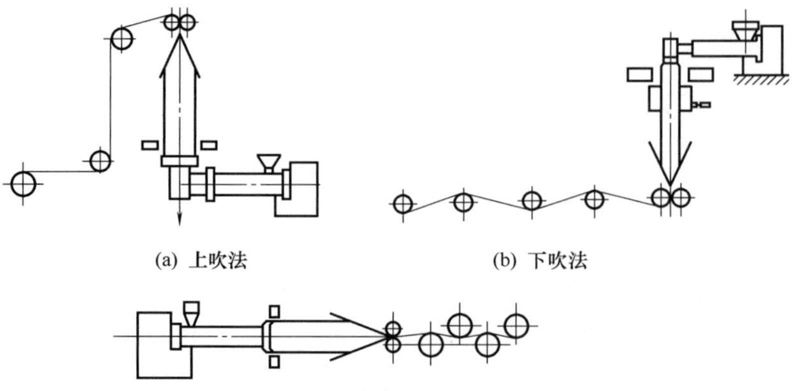

(a) 上吹法　(b) 下吹法　(c) 平吹法

图 4-57　吹膜法

度较低的塑料。物料在机头处拐 90°的弯角，增加了料流阻力，且易因停滞而分解。此法多用于聚乙烯、聚氯乙烯塑料的吹塑。

下吹法一般与水冷方式相联系，此法管坯垂直向下牵引，牵引方向与机头产生的向上的热气流相反，有利于膜管的冷却。但整个膜管挂在上部未定型的塑性段上，在生产厚膜或牵引速度较快时，有可能拉断膜管，对密度较大的塑料如聚氯乙烯等，牵引更难控制。挤出机必须安装在较高的操作台上，使得操作不方便。此法常用于聚丙烯、聚酰胺等高结晶度的塑料，以骤冷减少结晶度，提高透明度。

平吹法管坯与机头呈水平方向牵出，辅机结构简单，操作比较方便。但膜泡上下部位冷却不均匀，且膜管因自重下垂影响厚度均匀性，故该法仅用于生产折径较小的聚乙烯、聚氯乙烯等薄膜。实验室的挤出吹塑的螺杆，通用材料选 20mm 螺杆，较难做的材料一定选 25mm 以上的螺杆，长径比 30 ∶ 1；产量在 0. 5～2. 0kg/h，根据吹膜宽度而定，吹膜宽度为 100～150mm。

④ 压延制膜。压延法是将熔融塑化的树脂喂入压延机辊筒间，经几道旋转的辊筒挤压延展成薄膜再经冷却、牵伸、定型如图 4-58 所示。

压延薄膜常用的原料有聚氯乙烯、聚丙烯、润滑聚乙烯等。薄膜的厚度最薄可到 0. 06mm，最厚到 1. 25mm。

小试时有迷你型的压延薄膜机，螺杆 25mm，长径比 30 ∶ 1，滚筒直径 150mm，长 200mm，模口 150mm，三辊压延机组，牵引机组和收卷机组。实验用量最少 0. 5kg。微量实验目前只能用压塑制膜。

⑤ 流延制膜。流延是成型塑料薄膜的一种方法（图 4-59）。所谓流延薄膜是指物料经挤出机熔融塑化，从工型机头的狭缝挤出，并在冷却辊上流延，经冷却定型后制得的薄膜称为挤出流延薄膜。

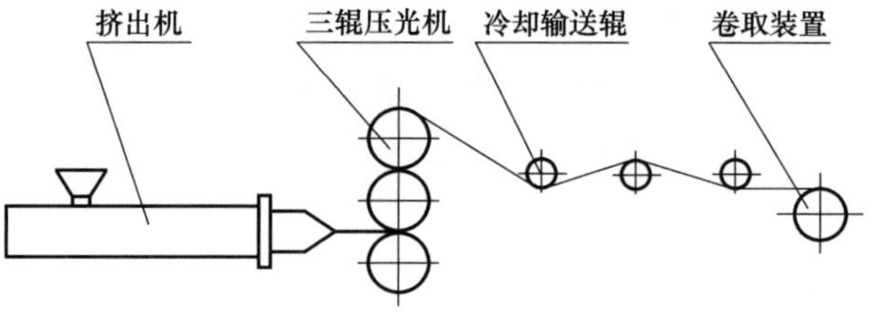

图 4-58　压延制膜原理图

流延膜与挤出吹塑薄膜相比结晶度低、透明度高、薄膜厚度公差小、强度高、光泽度高。流延薄膜广泛用作服装、日用品、食品、医药的包装。流延薄膜原料主要有聚乙烯（polyethylene，PE）、聚丙烯（polypropylene，PP）和聚酰胺（polyamide，PA）等，而聚苯乙烯（polystyrene，PS）、聚对苯二甲酸乙二醇酯（polyethylene terephthalate，PET）主要用于双向拉伸薄膜，在流延成型中有时使用。

小试时有迷你型的流延薄膜机，螺杆 25mm，长径比 30∶1，滚筒直径 150mm，长 200mm，模口 150mm，单辊流延机组，牵引机组和收卷机组。实验用量最少 0.5kg。微量实验目前只能用压塑制膜。

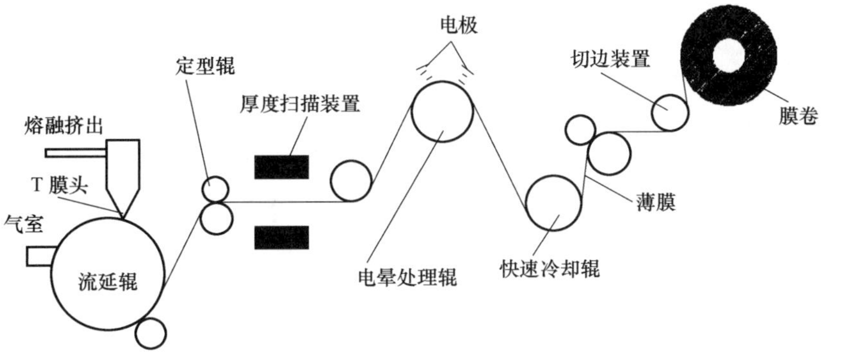

图 4-59　流延制膜原理图

（12）高分子材料的固态挤出实验设备。

固态挤出时利用高聚物在玻璃化转变温度以上、熔融温度以下，分子链未断，但具有一定的蠕动性的状态下，通过变径模口面积的改变，使材料产生分子链的高度取向，得到机械性能增强的一种加工工艺。所需工艺流程与设备为：

制坯（注塑/挤出）⟶预热（烘箱/储料筒）⟶加热（模口）⟶高压挤出（卧式微量挤出机）⟶牵拉（牵拉机构）。

卧式微量挤出机的顶头，通过控压或控速模式，推动柱塞移动，将实验材料挤出模口，得到高强度的材料。其规格按顶力分为 10T（图 4-60）和 30T 两种规格。储料筒与固挤模口按实验要求设计。该设备可实现微量实验，只需将制坯交与实验用注塑机加工。

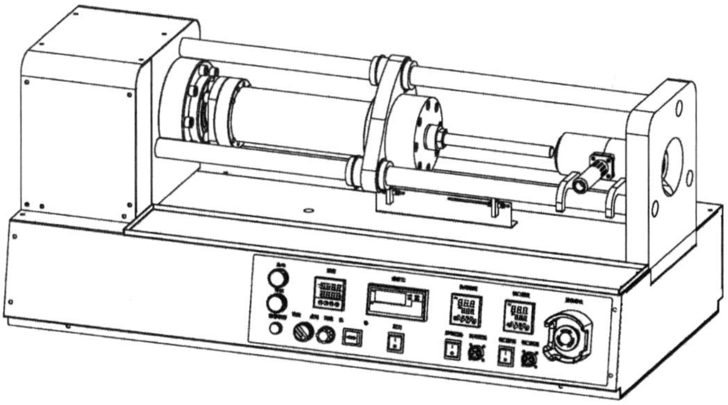

图 4-60　10T 柱塞挤出机的固态挤出系统

4.5.4　高分子加工实验室设计原则和典型范例

高分子加工实验室的设计原则可以概括为以下几点：

① 按实验的目的（生产实验、研究实验）确定设备的形式。

② 按高分子材料加工种类确定设备。

③ 按实验人数确定实验设备的数量。

④ 化学药品要有两个放置点，将可能起化学反应，引起危险的化学要品分别放置，并醒目标识。

⑤ 设备的放置要考虑人员的通行顺畅和设备安装、移动方便。

⑥ 实验室要张贴设备的安全与操作规则。

⑦ 为了便于教学，要设有视频设备。

⑧ 要有网络、数据化的硬件设计。

⑨ 根据设备数量确定用电量，注意用电安全设计与用量沉余。要将总闸置于醒目的、人容易够着的地方（门口）。

⑩ 要在醒目的地方放置医药箱，存有常用的药物与用品。

⑪ 加工与相应的测试设备可放在一起。

基于上述设计原则，我们给出 2 个高分子加工成型实验室的设计方案：

① 生产实验（小试阶段）的高分子加工成型实验室的设计。图 4-61 给出一个高分子小试阶段加工实验室设计范例。预设实验室面积 48 m^2。重型设备都沿周边放置，可移动设备居中便于移动与空间调整，测试仪器居中是减少通行路径与干涉。所有设备与桌子的排放都应保障通向出口。

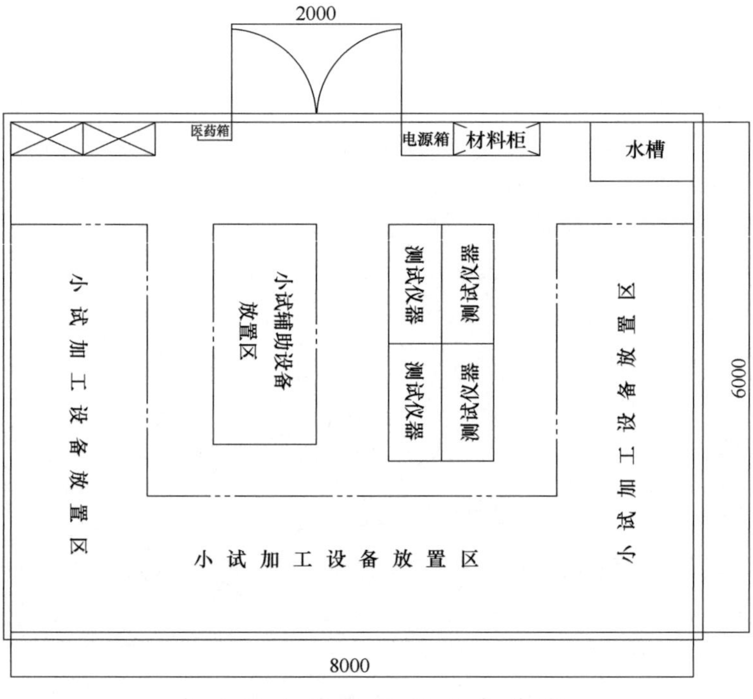

图 4-61　高分子小试阶段加工实验室设计（单位：mm）

② 研究实验（筛选料阶段）与教学的高分子加工成型实验室的设计。图 4-62 给出了一个高分子筛选阶段与教学加工实验室的设计范例。预设实验室面积 48m^2。实验室有 4 组的高分子加工系统同时使用。实现理论课程与实践课程在一个教室完成，同时具有相应

的检测仪器供使用。挤出机位都设计成可移动桌，改变挤出机就改变实验阶段或加工系统，实现实验室“简小、精悍”。

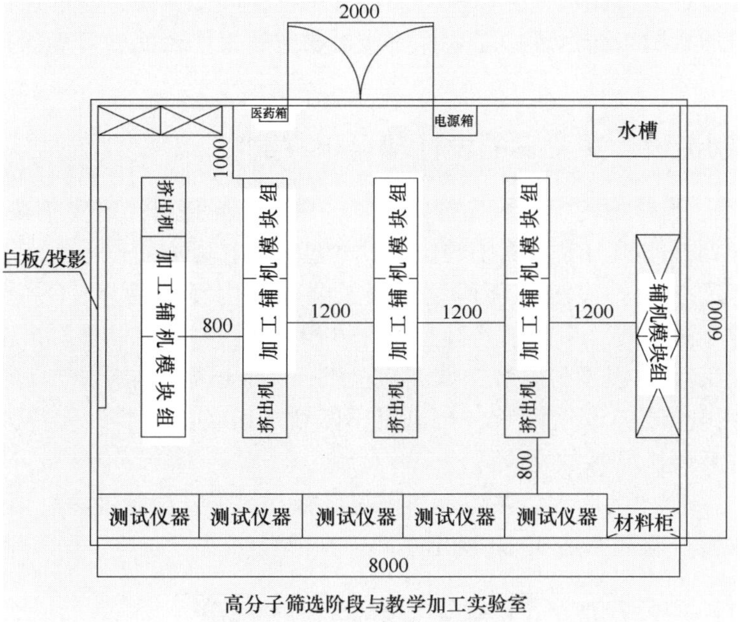

图 4-62 高分子筛选阶段与教学加工实验室（单位：mm）

4.6 增材制造设计室

增材制造是基于离散-堆积原理，由零件三维数据驱动直接制造零件的一种材料成型技术。从不同的角度理解和分类，增材制造还被称为快速原型、快速成型、快速制造、3D 打印等。通俗地说，增材制造是“自下而上”对材料进行逐渐累加的方式制造具体样品的技术，与传统的材料去除——切削加工技术有所不同。增材制造的研究成果开展主要面向航空航天、生物医学、海洋工程、汽车等领域的应用。

4.6.1 增材制造的工作原理及应用

3D 打印是快速成型技术的一种，它是一种以数字模型文件为基础，运用粉末状金属或塑料等可黏合材料，通过逐层打印的方式来构造物体的技术。3D 打印机，顾名思义，用它打印出来的物品并非平面的纸张，而是一个立体固态物体。首先将一项设计物品通过 3D CAD 计算机辅助设计软件转化为 3D 数据，然后再根据这些数据进行逐层分切打印。在打印过程中，层层打印出来的切片会不断叠加，最终形成一个完整的立体物品。与传统的打印机相比，3D 打印机最大的区别在于耗材不同，前者使用墨粉，后者使用的则是一些可以发生固化反应的材料如树脂、塑料、陶瓷、金属等。

4.6.2 辅助仪器和环境要求

增材制造设计室主要包括激光选区熔化成型装备、光固化打印机、DIC 测量仪、微机控制电子万能试验机、三维扫描仪、FDM 打印机以及 3D 打印后处理设备。

3D 打印机对环境温度一般控制在 18～28℃。过低或过高的温度都会对打印效果产生不利影响。打印过程中可能会产生一些挥发性有机物，因此需要合理的通风，以减少对人体造成危害。打印机的工作过程中需要保持相对稳定的工作台面，以确保打印过程中的精度和稳定性。

4.6.3 增材制造设计实验室的设计理念和方案

① 放置位置。选择稳定、通风良好的位置，避免阳光直射，避免潮湿和干燥的环境。同时，也要考虑到打印机与电源插座的位置，尽量靠近，以方便供电。

② 环保。实验室装饰应选用环保型材料，降低室内环境噪声，不可高于 55dB。新建、改建、扩建实验室时，甲醛、苯等有害气体和其他污染应控制在标准范围内。

③ 温度。控制室内温度，安装空调和除湿机，保证恒温恒湿。

④ 供电。用电负荷应留有余地，以满足不断增加设备的需要，一些大型设备可设单独的电闸门，并且要接可靠的地线。

⑤ 安全。配备有效的防火、防盗、防潮等设施，加强安全管理和培训。

一个典型的增材制造室如 4-63 所示。

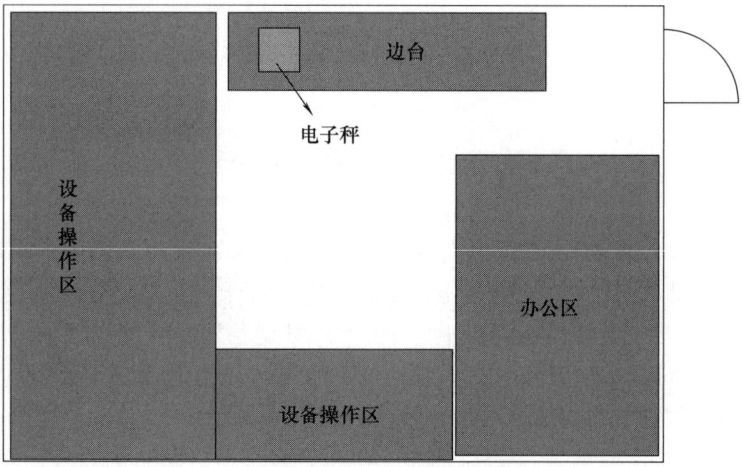

图 4-63 增材制造室布局设计

4.7 力学性能分析室

4.7.1 概述

20 世纪初，由于高分子化学的成就而发展形成了三大合成材料工业——塑料、纤维和橡胶。人们的衣、住、行及日常生活用的各种材料都离不开上述聚合物材料。以塑料为主体的上述三大合成材料，其体积总产量早已超过全部金属的产量，是全球体积产量最高的制品。高分子与小分子产品的显著区别之一，就是必须考虑其制作的特定材料在使用场景下的力学性能。

材料的力学性能是指外加载荷（外力）作用下或载荷与环境因素（温度、介质和加载速率）联合作用下所表现的行为。主要表现为材料的强度、硬度、塑性和韧性等，需要通过相应的力学性能测试仪进行测量。

4.7.2　力学性能测试机的工作原理及应用

在橡塑制品领域，常将其分为以下类型：热固性和热塑性塑料、塑料薄膜、纤维增强塑料和连续纤维增强塑料、泡沫材料、橡胶、成品和半成品等。

其力学性能的测试方法可以归类为：静态试验、动态试验和冲击试验等。

在（准）静态试验或静态材料试验中，对试样进行加载是缓慢而持续的。在静态材料试验中，试样和部件主要进行拉伸、压缩和弯曲以及剪切或扭转，以测定它们的强度和变形行为。与材料动态试验相比，静态材料试验以较低的测试速度执行。

对于动态试验，试样承受冲击载荷或载荷在较长时间内周期性的影响试样。材料动态试验指的是通过快速移动（动态）对材料或部件进行（破坏性）测试。例如，通过摆锤冲击试验机、落锤冲击试验机、高速试验（穿刺或高速拉伸试验）进行测试。

循环材料试验/疲劳试验：在循环材料试验中，对试样的加载是在连续反复的载荷循环中发生的。根据试验机的不同，这些载荷循环可以是拉伸/压缩形式，以正弦曲线、三角形等形状执行脉冲或交变载荷。

橡塑材料力学性能的常见测试方法有：拉伸测试、压缩和压陷测试、弯曲试验、冲击试验、疲劳试验、热变形维卡、热机械性能等。标准测试设备应包括：万能试验机、摆锤冲击试验机、落锤冲击试验机、引伸计。

（1）万能试验机。万能试验机是集拉伸、弯曲、压缩、剪切、环刚度等功能于一体的材料试验机，主要用于金属、非金属材料力学性能试验。典型的设备有：微型机［图4-64（a）］，试验力范围5N～5kN，适用于金属丝、金属箔、薄膜、纸张等材料的拉伸、压缩、剥离、撕裂等实验；台式机［图4-64（b）］，试验力范围50N～20kN，适用于非金属材料的拉伸、压缩、剥离、撕裂等实验；门式机［图4-64（c）］，试验力范围500N～600kN，适用于各种金属及非金属材料的拉伸、压缩、剥离、撕裂等实验。

某些材料的应用环境是在显著高于或低于室温的条件，可采用调温万能试验设备

(a) 微型机　　(b) 台式机　　(c) 门式机

图4-64　典型的微机控制电子万能试验机

（力试（上海）科学仪器有限公司测试中心）

[图 4-65（a）]。试验力范围：5N~100kN，适用于塑料、橡胶、金属丝、金属箔、薄膜、纸张等材料，在特定环境下的拉伸、压缩、剥离、撕裂、蠕变等实验。在多条测试线平行实验的条件下［图 4-65（b）]，进一步提升数据的可信度和测试时效。

(a) 调温万能试验设备　　(b) 平行实验

图 4-65　典型的高低温环境微机控制电子万能试验机
（力试（上海）科学仪器有限公司测试中心）

（2）锤冲击试验机。摆锤冲击试验机的半球形冲头在一定的速度下冲击并穿过试样，测量冲头所消耗的能量，以此评价样品的抗摆锤冲击能力。该仪器适用于对塑料、尼龙、橡胶、玻璃钢、复合塑料管材、电气绝缘材料等非金属材料在动负荷下抵抗冲击性能的检验。

不同的测试设备可应用于不同的检测场景，如小型机［图 4-66（a）］适用于塑料筒支梁、悬臂梁和拉伸冲击试验等，可满足标准：GB/T 21189，1043.1，1843，13525，18743；ISO 179，180；ASTM D256 等；中性机［图 4-66（b）］适用于金属材料，满足标准：GB/T 3808—2022，229—2007；ISO 148：1998；ASTM E23—12C；JJG 145—2007 等；大型机［图 4-66（c）］适用于工程塑料、钢材等，满足标准：GB/T 19748；ISO 14556 等。

（3）落锤冲击试验机。落锤冲击试验机适用于各种管材（PVC-U 给水管、排污管、低压给水管、低压输水管、芯层发泡管、双壁波纹管、PE 给水管）、板材的耐外冲击性

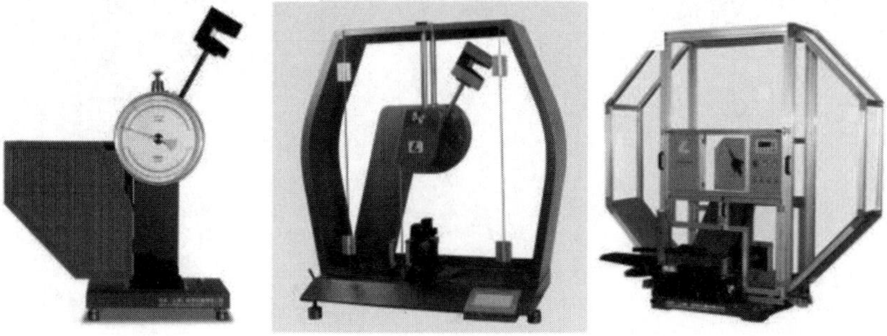

(a) 小型机　　(b) 中型机　　(c) 大型机

图 4-66　典型的摆锤冲击试验仪
（力试（上海）科学仪器有限公司测试中心）

能的测定，也适用于硬质塑料板材。针对不同特性的测试目标，可采用小型机［图 4-67（a）］，适用于热塑性塑料管材，满足标准：GB/T 14152，10002.1，5836.1，16800；或中型机［图 4-67（b）］，适用于各种金属、非金属的管材和板材，如塑料、陶瓷、尼龙、建筑材料等，满足标准：GB/T 2611，3808；ISO 148.1，148.2；ASTM D7136/D，7136M，D7192，D3763，E23；EN 10045.1，10045.2；DIN 50115；JJG 145 等；以及大型机［图 4-67（c）］，适用于铁素体钢（包括板材、型材、铸钢和锻钢）等，满足标准：GB/T 6803，ASTM E208 等。

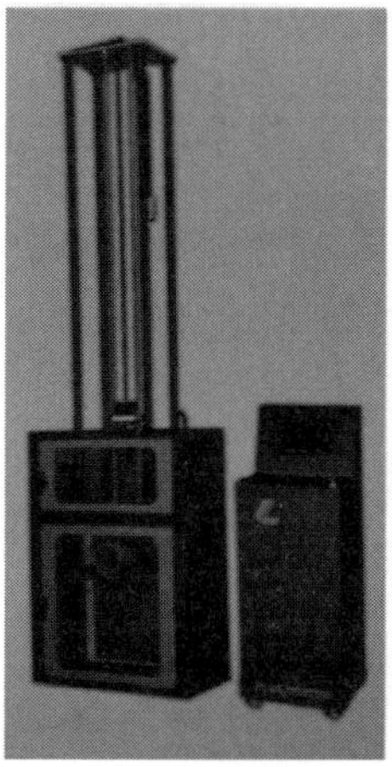
(a) 小型机

(b) 中型机

(c) 大型机

图 4-67　典型的落锤冲击试验仪
（力试（上海）科学仪器有限公司测试中心）

（4）疲劳试验机。疲劳试验机用于进行测定金属、合金材料及其构件（操作关节、固接件、螺旋运动件等）在室温状态下的拉伸、压缩或拉压交变负荷的疲劳特性、疲劳寿命、预制裂纹及裂纹扩展试验。高频疲劳试验机在配备相应试验夹具后，可进行正弦载荷下的三点弯曲试验、四点弯曲试验、薄板材拉伸试验、厚板材拉伸试验、强化钢条拉伸试验、链条拉伸试验、固接件试验、连杆试验、扭转疲劳试验、弯扭复合疲劳试验、交互弯曲疲劳试验、CT 试验、CCT 试验、齿轮疲劳试验等。

疲劳测试中，可采用正弦波、三角波、梯形波、矩形波的载荷、应变、位移控循环测试。当前，先进的分析软件还可提供完善的变频，变幅，组合波形，自定义波形、随机波形等完善的加载模型，以及动刚度分析、峰谷值趋势分析、试验保护机制、指定周期数据保存等的数据分析。

根据实验应力差异（50N～1200kN）、测试频率差异（0.01～50Hz）等，疲劳试验机应选用对应型号（图 4-68）。

（5）测试夹具及附件。

将受测材料施加拉伸和弯曲应变是应用范围最广的测试方法，这两种测试都需要有针对性的测试夹具来完成试验。

拉伸试验所需夹具为楔形夹具（图 4-69）和平推夹具（图 4-69，箭头所指），采用引伸计（高配如视频引伸计、全自动引伸计）记录应变。选取参照标准为《塑料　拉伸性能的测定》GB/T 1040.1/.2，ISO527-1/-2 和《Standard Test Method for Tensile Properties

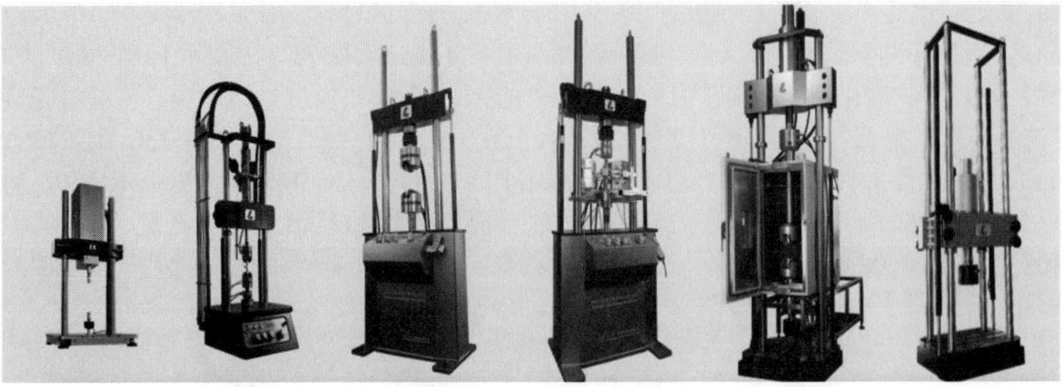

(a) 电子疲劳试验机　(b) 桌面式疲劳试验机　(c) 电液伺服疲劳试验机　(d) 高温低周应变疲劳系统　(e) 环境耦合疲劳试验系统　(f) 打盹为疲劳试验系统

图 4-68　疲劳试验机的主要型号

（力试（上海）科学仪器有限公司测试中心）

of plastics》ASTM D638，可得到关于拉伸强度、断裂应力、断裂伸长率、拉伸模量、屈服点应力、屈服点伸长率、断裂点和泊松比等力学性能参数。

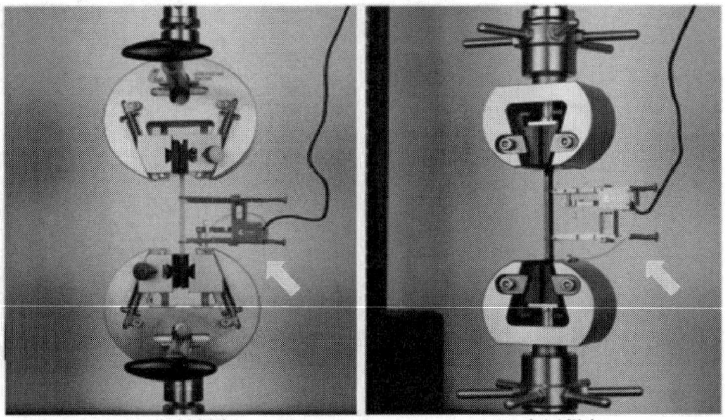

(a) 塑料样条　(b) 金属样条

图 4-69　拉伸试验夹具

（力试（上海）科学仪器有限公司测试中心）

弯曲试验所需夹具为三点弯曲夹具［图 4-70（a）］，采用挠度计［图 4-70（b）］、千分尺和横梁位移记录应变。选取参照标准 GB/T 9341、ISO 178 和 ASTMD 790，可得到弯曲模量、3.5% 伸长率下的应力、屈服点和试样断裂处的应力和伸长率等力学性能参数。

(a) 三点弯曲夹具　(b) 配挠度计的三点弯曲夹具

图 4-70　弯曲试验夹具

（力试（上海）科学仪器有限公司测试中心）

此外，在力学性能测试中还常用到摩擦磨损测试、硬度测试等。其中，摩擦磨损试验是用试样的待磨层与摩擦纸，在荷重摩擦体的作用下，以规定的速度相互摩擦。通过测量摩擦前后密度的减少量（或涂层厚度的减少量），来判断墨层（或涂层）的耐磨性。硬度一般采用材料抵抗硬物体压入其表面的能力来表示，其测试设备为硬度计。

以上是表征常见材料力学性能的通用手段和设备，对于研究材料力学性能的实验室，应当对测试表征作出系统完整的规划和设计。

4.7.3 辅助仪器和环境要求

对于力学性能试验区，可配套样品准备区和临时办公区作为该实验室的辅助空间。如果没有特殊要求，实验室的温度计温度控制在 10~35℃，过高的试验温度，容易导致试验设备的电机、传感器等发生故障的频率增加。相对湿度低于 80%较佳，因为室内湿度过高会导致设备生锈。另外，实验室内电源电压要稳定，有条件的实验室应购置稳压电源。如果电压波动太大，电器容易产生故障。

4.7.4 力学分析实验室的设计理念和方案

各力学性能测试的仪器操作应相互独立，因此可以设计成隔间，测试时互不干扰，并且还能阻隔仪器发出的噪声。该实验室不存在有毒气体或药品，因此可以设立一间休息办公室，便于及时开展结果分析等工作。力学分析实验室因此可分为设备室和办公室，设计原则如下：

① 仪器隔间采用玻璃材质，视野开阔且从办公区容易看到仪器的运作情况。

② 防震。该实验室内实验设施设备在使用时有隔震要求，因此应该远离震源功能室。

③ 设备室室内设备整体摆放和谐美观，基于同时作业时不产生相互干扰原则进行平面布局。

④ 加强对环境条件温湿度的监控，应监测实验环境的温度、湿度，如悬挂温湿度表。

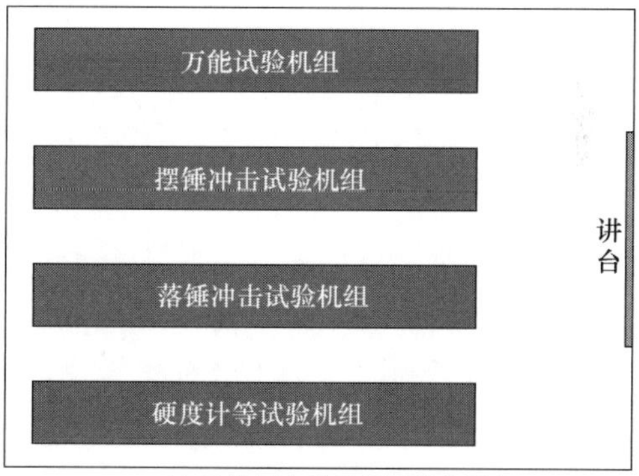

(a) 教学用力学性能测试分析室

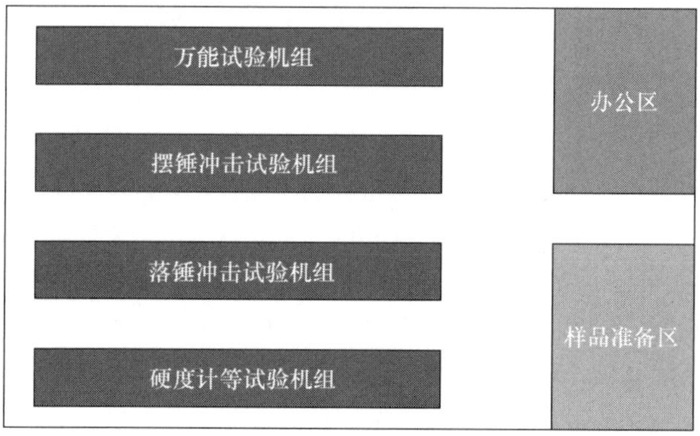

(b) 科研用力学性能测试分析室

图 4-71 力学性能分析实验室布局设计

典型的力学性能分析实验室如图 4-71 所示：

5 化学实验室操作安全

现代科技的进步很多都源自新物质的发现与制备，在物质发现与制备方面，化学实验室发挥着至关重要的作用。化学实验室是为学生学习化学知识、提供实验技能训练和研究空间的重要场所，也是教师进行学术研究和教学的重要基地，是许多重要物质的制备场所，在人类科技发展中起到举足轻重的作用。

化学以及实验相关学科的工作者、科研人员的基本素养训练需要依托于大量的实验操作，在开展科研工作中仍然有大量的实验工作须由人来完成。因此，人为操作中的失误都是安全事故的起因。若因为实验安全事故失去而失去了眼、耳、手的正常功能，甚至失去了生命，也就失去科学为人类造福的根本目标。实验操作安全如何强调都不为过！

本章讲授实验室最常见的爆炸物、火灾、有毒物质、生物安全和水电气安全，大家应谨记、谨行，树立强烈的安全意识、培养严谨的工作习惯。

5.1 爆炸物及其防护

5.1.1 爆炸物的定义

自身能够通过化学反应产生气体，其温度、压力和速度能对周围环境造成破坏的固、液体或者固液混合物，也包括不放出气体的发火物质。

爆炸物在受热、摩擦、撞击等外界作用下可发生剧烈的化学反应，瞬时产生大量的气体和热量，使周围压力急剧上升，发生爆炸，对周围人员、物品、建筑和环境造成巨大破坏。爆炸毁坏力极大，危害严重，可瞬间殃及人身安全。

爆炸物的生产、储存、使用、运输过程中一旦疏忽，都有可能酿成重大事故、造成难以估量的损失。

5.1.2 爆炸物的分类

（1）有整体爆炸危险的物质、混合物和制品。整体爆炸指瞬间引燃几乎所有装填物的爆炸。整体爆炸危险物包括 TNT（2,4,6-三硝基甲苯）、黑索金（环三亚甲基三硝胺）、硝铵炸药、苦味酸及其盐类、硝酸甘油、三硝基苯、无烟火药、黑火药及其制品等。此类爆炸物主要用于煤矿企业爆破工程、开采矿山、火箭燃料等。

化学实验室除苦味酸（图 5-1）偶尔用于分析实验外，其余较为少见。

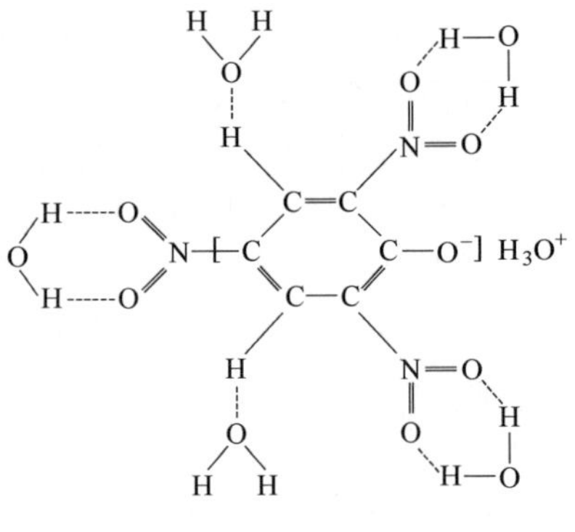

图 5-1 苦味酸 [$H(C_6H_2N_3O_7) \cdot 6H_2O$] 的结构式

（2）有迸射危险但无整体爆炸危险的物质、混合物和制品。此类爆炸物包括火箭弹头、炸弹、催泪弹药、白磷燃烧弹药、空中照明弹、爆炸管、燃烧弹、烟幕弹、催泪弹、毒气弹、导爆索、摄影闪光弹、闪光粉、不带雷管的民用炸药、民用火箭等。

（3）有燃烧危险和较小爆轰危险或迸射危险或两者兼有，但无整体爆炸危险的物质、混合物及制品。二亚硝基苯无烟火药、硝基芳香族衍生物钠盐、导火索、点火管、点火引信、苦氨酸、乙醇含量>25%或增塑剂含量>18%的硝化纤维素、礼花弹等均属此类。

（4）不存在显著危险的物质、混合物和制品。此类爆炸物指爆炸危险性较小，被点燃或引爆时危险作用大部分局限在包装件内部，而对包装件外部无重大危险，射出碎片不大、射程不远，外部火烧不会引起全部内装物的瞬间爆炸，如烟花、爆竹、鞭炮、火炬信号、5-巯基四唑并-1-乙酸、四唑乙酸等。

（5）有整体爆炸危险的非常不敏感物质或混合物。该类物质性质比较稳定，在着火实验中不会爆炸，包括具有整体爆炸危险，但在正常运输条件下引爆或从燃烧转爆炸可能性极小的极不敏感的物质。

（6）无整体爆炸危险的极端不敏感制品。本类爆炸物仅含有极不敏感的起爆物质组成的物品，指爆炸危险性仅限于单个物品爆炸的物品，因意外起爆或传爆的可能性极微。

5.1.3 爆炸物的危险特性

图 5-2 展示了爆炸物的主要危险特性：

（1）强爆炸性。爆炸品具有化学不稳定性，在一定外界作用下，能以极快速度发生猛烈的化学反应，产生大量气体和热量，使周围的温度迅速升高并产生巨大的压力而引起爆炸。

（2）强危害性。爆炸品爆炸后可产生危害性极强的冲击波、碎片冲击、震荡作用等。大型爆炸往往具有毁灭性的破坏力，并可在相当大的范围内造成危害，导致人员和财产诸方面重大损失。爆炸常意外突发，在瞬间完成，令人猝不及防，人员伤亡、物质损坏、建筑倒塌也瞬间发生。爆炸时产生的高温辐射还可能使附近人员受到灼烫伤害甚至死亡。

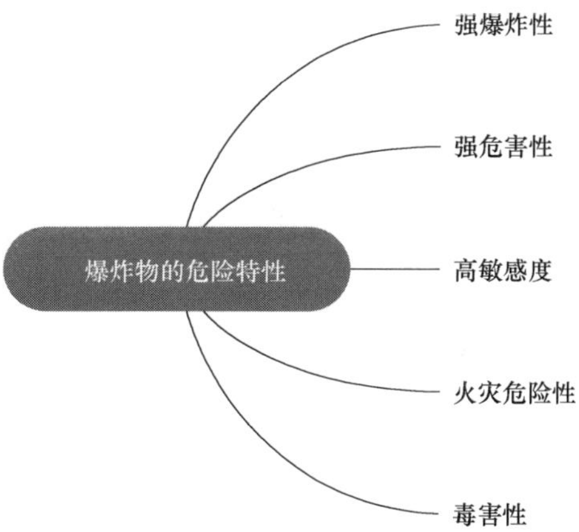

图 5-2 实验室中爆炸物的主要危险特性

（3）高敏感度。爆炸物对外界作用如热、火花、撞击、摩擦、冲击波、爆轰波、光和电等极为敏感，极易发生爆炸。一般爆炸物起爆能越小，则敏感度越高，其危险性也就越大。

（4）火灾危险性。很多爆炸物受激发能源作用发生氧化还原反应可形成分解燃烧，且不需外界供氧。绝大多数爆炸品爆炸时可在瞬间形成高温，引燃旁边可燃物品引发火灾。火灾伴随着爆炸，极易蔓延，增加了事故的危害性，造成更为严重的人员伤亡和财产损失。

（5）毒害性。很多爆炸品本身具有一定毒性，且绝大多数爆炸品爆炸时产生多种有毒或者室息性气体，包括 CO、CO_2、NO、NO_2、SO_2 等，可从呼吸道、食道、皮肤进入人体，引起中毒，严重时危及生命。

5.1.4 实验室的易爆物

实验室的主要爆炸物归纳于图 5-3 中：

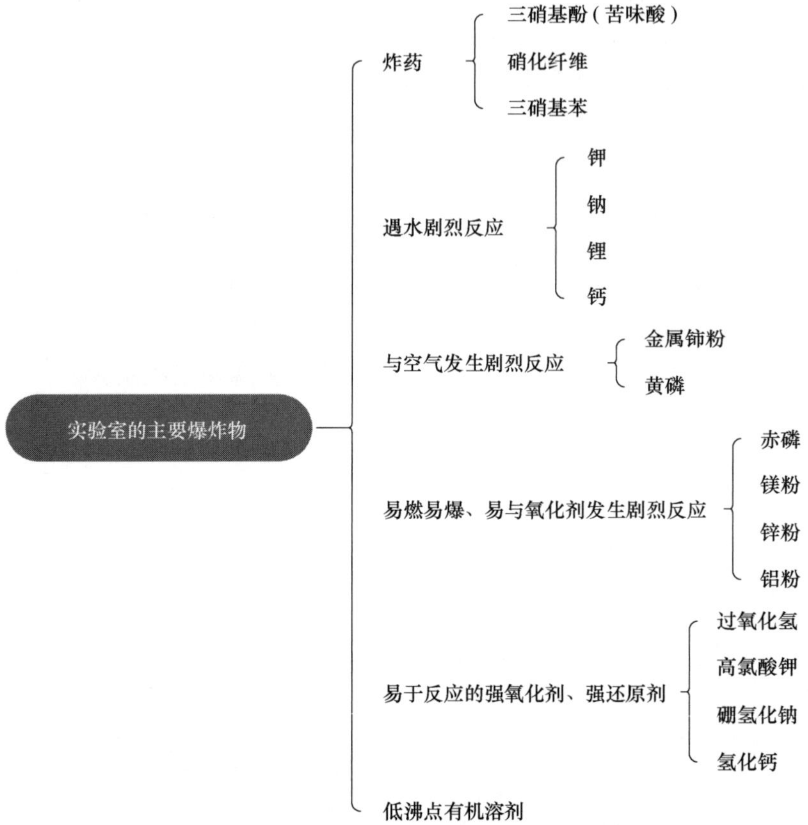

图 5-3 实验室的主要爆炸物分类及示例

此外，爆炸物从组成上还可分为爆炸化合物和爆炸混合物。爆炸化合物多具不稳定基团如硝基（$R-NO_2$）、硝酸酯（$R-ONO_2$）、过氧基（O-O）、叠氮（$N \equiv N$）、氯酸根（ClO_3^-）、高氯酸根（ClO_4^-）、亚硝基（N=O）、雷酸（$N \equiv C$）等；爆炸混合物则由两种以上爆炸组分和非爆炸组分经机械混合而成，如硝铵炸药、黑索金、雷管炸药等。

5.1.5 实验室爆炸案例及原因分析

（1）案例 1。

时间：2019. 1. 21　　　地点：某有机化学研究所

① 事故经过。当事人将多次合成所得的产物（多氮化合物）装瓶保存，在装瓶过程中有一小块产物粘在瓶口，当事人用不锈钢药匙拨下粘在瓶口的产物时，多氮化合物发生爆炸，玻璃碎片四处飞溅，将当事人一眼睛的角膜、脸、腹部和手割伤，耳膜受到巨大的爆炸声震伤（图 5-4）。

② 事故原因分析。不锈钢匙与多氮化合物撞击产生的能量引爆了该化合物。该化合物为易爆高危药品。

③ 经验教训。多氮化合物是非常危险的高爆物品，在处理该类危险物品时必须做好充分的安全保护工作，必要时还要使用防护面罩和防护板等防爆保护物，即使是后处理工作也要正确使用防护用品，小心谨慎，不能掉以轻心。

图 5-4 案例 1 爆炸现场

（2）案例 2。

时间：2005. 5. 16　　地点：某有机化学研究所

① 事故经过。蒸馏烧瓶为 3L 的三口瓶，内有 4-溴吲哚粗品 2. 2L（约重 3kg）。由硅油电加热，从上午 9 点开始，油浴温度为 170℃左右。大约在 10 点前馏分蒸完，换接收瓶收集馏分（馏分温度 140℃，接收瓶为 2L 单口烧瓶）。起初馏分蒸出的速度很稳定，大约在接收了 1L 时，馏分不再流出。当事人感觉有点不正常，按以往的收率估计应该有 1. 8~2L 左右的产品，因此以为是减压蒸馏的冷阱堵塞导致真空度下降。在查看了水银减压计未发现真空度下降，此时突然发现接收瓶及冷凝管里有大量白色烟雾涌出，当事人感觉异常，就急忙蹲下，此时反应瓶发生了爆炸（图 5-5）。

图 5-5 案例 2 爆炸现场

② 事故原因。存放过程中，四氢呋喃可能产生了过氧化物，导致事故的发生。

5. 1. 6 高校实验室储存爆炸品注意事项

① 爆炸品应有专门的库房分类存放，最好采用防爆柜存放，由专人负责保管。库房

应保持通风阴凉，远离火源、热源、避免阳光直射。爆炸品应按需报备购买，避免一次储存过多。

② 因相互作用而可能爆炸的物质必须分类存放，如过氧化物和胺类，高锰酸钾和浓硫酸、四氯化碳和碱金属等混合后有爆炸危险，必须分开存放。

③ 使用爆炸品应格外小心，轻拿轻放，避免摩擦、撞击和震动。

④ 爆炸品要求配置由象形图和警示词组成的安全警示标签，标签要素须按规定配置，并应按要求配置相应警示词。

5.1.7 常见化学药品、试剂性质的网站

① 化工词典。

② ChemToolBox。

③ ChemicalBook。

在使用实验药品之前，养成先仔细阅读实验药品、原料的性质、使用注意事项，在操作前做好充分的准备，是保证实验安全、防患于未然的良好习惯。

5.2 火灾及其防护

火灾是指在时间和空间上失去控制的燃烧所造成的灾害。从燃烧角度看，火灾的实质是燃烧，是一种自然现象。然而，绝大多数火灾与人的因素紧密相关，是社会现象。火灾的发生发展过程是复杂的，常常表现出普遍性、随机性、必然性和相似性。实验室作为学校火灾的重灾区，一定要做好积极的预防工作。

5.2.1 燃烧的类型

燃烧可以分为四种类型：闪燃、着火、自燃和爆炸（图5-6）。

（1）闪燃。一闪即灭。在一定温度下，任何物质都在挥发，只是程度不同而已。当可燃性蒸气与空气混合后，遇到电火花或明火时便立即发生“闪燃”，但随后熄灭，这种发生“闪燃”的最低温度就是闪点（flash point，T_f）。

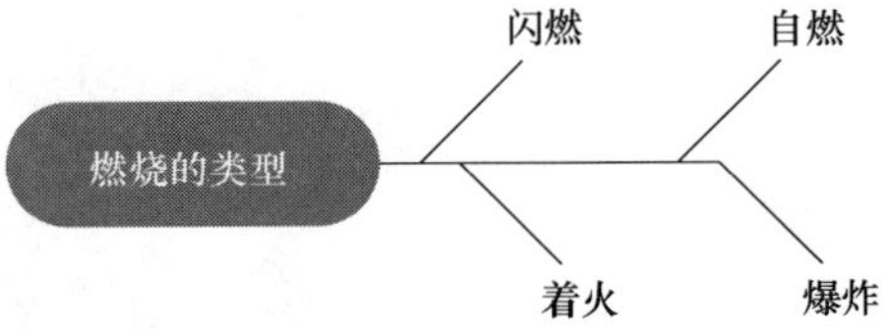

图5-6 燃烧的4种类型

闪点是衡量物质火灾危险性的重要参数。闪点越低，火灾危险性越大。在闪点温度下，可燃性液体只能“闪燃”而不能继续燃烧，这是因为在该温度下，液体的蒸发速度较慢，蒸气量相对较少，“闪燃”后已将蒸气烧尽。

（2）着火。持续燃烧。维持可燃物持续燃烧的最低温度叫燃点。

（3）自燃。无需明火的直接接触，靠自热或外热作用发生的燃烧。又可分为本身自燃和受热自燃。发生自燃的最低温度叫自燃点。

（4）爆炸。短时间内，释放出大量能量、热量、气体，并对周围介质造成高压。可燃性气体在空气中达到一定浓度时，遇明火会发生爆炸。

5.2.2 火灾的分类

（1）根据燃烧物的形态（国家标准 GB/T 4968—2008）进行分类（表 5-1），图 5-7 展示了实验室中常用的火灾风险标识。

表 5-1　　火灾的分类

火灾类型	分类标准（GB/T 4968—2008）
A 类火灾	固体物质火灾。如木材、棉、毛、麻、纸张火灾等。
B 类火灾	液体和可熔化的固体物质火灾。如汽油、乙醇、沥青、石蜡火灾。
C 类火灾	气体火灾。如煤气、天然气、甲烷、丙烷、氢气火灾等。
D 类火灾	金属火灾。如钾、钠、镁、铝、镁合金火灾等。
E 类火灾	带电火灾。物体带电燃烧的火灾。
F 类火灾	烹饪器具内的烹饪物火灾。如烹饪器具内的动物油脂类火灾。

图 5-7　实验室火灾危险标识

（2）根据火灾造成的人身财产损失情况不同，我国法律法规将火灾分为 4 级，即一般火灾、较大火灾、重大火灾和特别重大火灾。如表 5-2 所示，在死亡人数、重伤人数或直接财产损失中的某一项达到对应标准即认定为该级别的火灾，对造成损失的个人或企事业单位追究相对应的法律责任。

表 5-2　　火灾造成的损失程度分类

火灾分级	死亡人数 D	重伤人数 SI	直接财产损失 DPL/千万元
一般火灾	$D<3$	$SI<10$	$DPL<1$
较大火灾	$3\leqslant D<10$	$10\leqslant SI<50$	$1\leqslant DPL<5$
重大火灾	$10\leqslant D<30$	$50\leqslant SI<100$	$5\leqslant DPL<10$
特别重大火灾	$D\geqslant 30$	$SI\geqslant 100$	$DPL>10$

5.2.3 火灾的发展

在火灾发展过程中，随其温度的变化可划分为 4 个阶段（图 5-8）：

① 初起阶段。

产物：水蒸气、二氧化碳、少量一氧化碳。

温度：火焰温度≥500℃，室温略有上升。

② 发展阶段。

产物：烟、一氧化碳及其它毒性气体。

温度：环境温度可达 400℃ 以上，火焰上方温度可达 600～1400℃ 以上，历经轰燃（A）→持续（B）→峰值（C）阶段。

③ 下降阶段。

产物：氢气、甲烷。

温度：室温降至 500℃ 左右（此时突然引入新鲜空气，将引发第二次爆燃）。

④ 熄灭阶段。

5. 2. 4 高校实验室火灾案例

（1）高校危险易燃液体案例——石油醚。

时间：2019. 7. 6　　　　地点：某有机化学研究所

① 事故经过。当事人对所合成的产品进行后处理，即用石油醚提纯产品。反应瓶 2L，石油醚 1000mL（30～60℃），电热套加热回流，冷凝水冷却，至中午 11 时左右突然发现通风柜内有火花闪烁，接着发生爆炸。爆炸引燃了电热套和周围的纸张，当事人立即拔下电热套插座，并使用灭火器将火扑灭（图 5-9）。

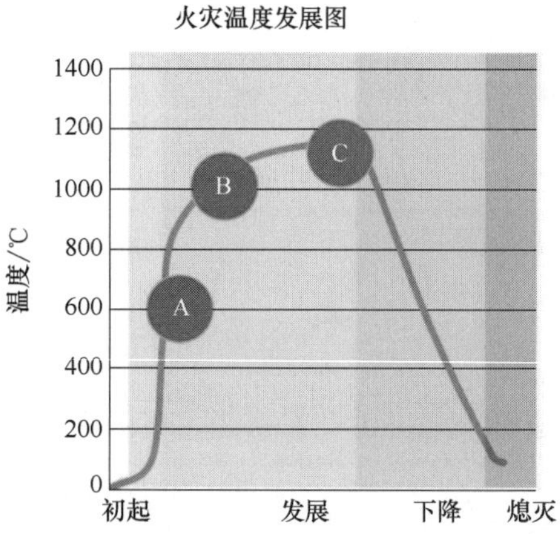

图 5-8　火灾温度发展图

图 5-9　火灾事故 1 现场

② 事故原因。所使用的石油醚是沸点在 30～60℃ 的低沸点溶剂，又因夏天的连续高温。经事后测量自来水温度达 33℃，石油醚未能冷却而大量挥发。当石油醚蒸汽与空气混合达到一定比例，遇火星即发生爆炸。

③ 经验教训。因回流溶剂时冷却效果不佳致使大量溶剂挥发造成的爆炸事故已发生多起，这起事故再次给我们敲响了警钟。常规的回流实验虽然简单，但必须保证良好的冷凝效果。天气炎热时应避免大量使用溶剂，尤其是低沸点溶剂。

（2）高校危险遇湿自燃物质案例——钠。

时间：2019. 7. 6　　　　地点：某有机化学研究所

① 事故经过。将 1L 工业乙醇倒入放在水槽中的塑料盆，然后将金属钠用剪刀剪成小块，放入盆中。开始时反应较慢，不久盆内温度升高，反应激烈。当事人即拉下通风柜，把剪刀随手放在水槽边。这时水槽边的废溶剂桶外壳突然着火，并迅速引燃了水槽中的乙

醇。当事人立刻将燃烧的废溶剂桶拿到走廊上，同时用灭火器扑救水槽中燃烧的乙醇。此时走廊上火势也逐渐扩大，直至引燃了四扇门框（图 5-10）。

② 事故原因。反应时放出氢气和大量的热量，氢气被点燃并引燃了旁边的废溶剂造成事故。

5.2.5　易燃液体试剂

石油醚、二氯乙烷、乙醚、丙酮、苯、甲醇、乙醇等试剂极易挥发成气体，遇火即燃烧，属于易燃液体试剂（图 5-11）。在发生实际着火之前，应有一定的应对策略。

图 5-10　火灾事故 2 现场

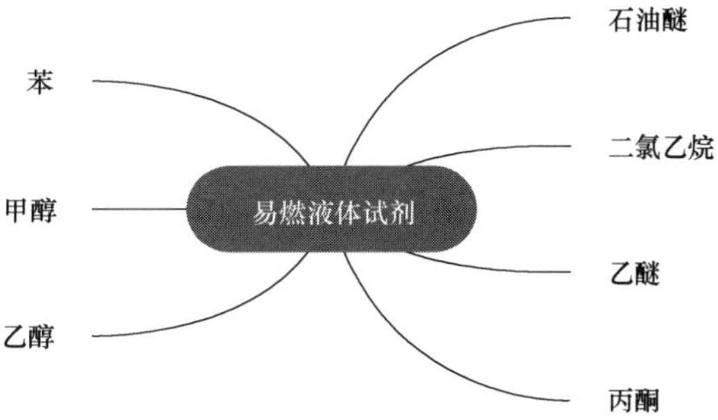

图 5-11　化学实验室常见、常用的易燃溶剂

5.2.6　灭火

燃烧，通常是剧烈发生的氧化还原反应，放出大量的光和热。燃烧能够持续进行需要“燃烧循环”：产生足够的热量、材料进一步分解成可燃性小分子、反应物质引入（如空气中的 O_2）。在任意点打破燃烧循环，即可灭火。因此，从原理上可将灭火可以分为 4 种方式：①冷却灭火；②隔离灭火；③窒息灭火；④抑制灭火，如图 5-12 所示。

实验室灭火须注意——不再增加新反应！

物质燃烧需要空气（氧气）和一定的温度，所以通过降温或者将燃烧的物质与空气隔绝，便能达到灭火的目的。因此，实验室中可采取以下措施：

① 停止加热和切断电源，避免引燃电线，把易燃、易爆的物质移至远处。

② 用湿布、石棉布、沙土灭火。小火用湿布、石棉布覆盖在着火的物体上便可方便地扑灭火焰；对钠、钾等金属着火，通常用干燥的细沙覆盖。

③ 注意：严禁使用某些灭火器如 CCl_4 灭火器，因 CCl_4 和钾、钠等发生剧烈反应，会强烈分解，

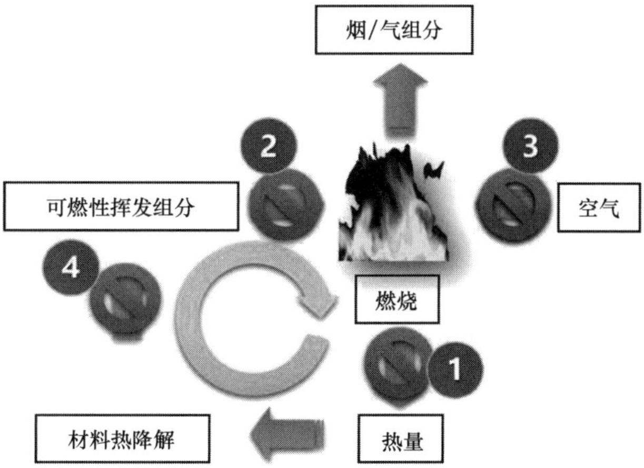

图 5-12　燃烧循环和灭火的基本原理

甚至爆炸。

举例：对着火的油浴覆盖 CCl_4 进行灭火时，结果它在油中沸腾，致使着火的油飞溅反而使火势扩大。

5.2.7 救火的一般原则

当出现火情时，应遵循 6 条救火原则（图 5-13）：

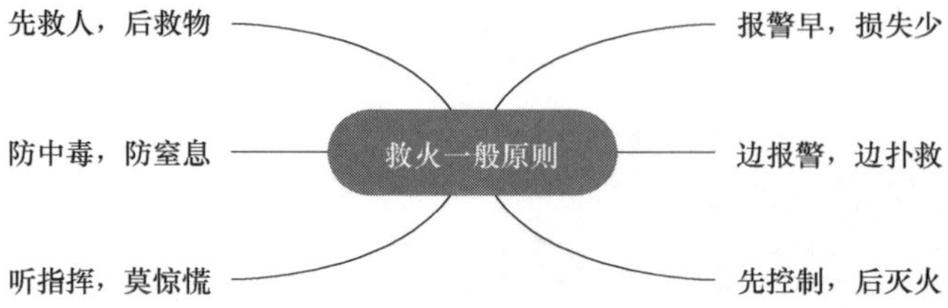

图 5-13　救火一般原则

① 报警早，损失少。报警应沉着冷静，及时准确：简明扼要的报出起火部门和部位、燃烧的物质、火势大小；如果拨打 119 火警电话，还必须讲清楚起火单位名称、详细地址，报警电话号码，同进派人到消防车可能来到的路口接应，并主动及时的介绍燃烧的性质和火场内部情况，以便迅速组织扑救。

② 边报警，边扑救。在报警同时，要及时扑救初起火灾，在初起阶段由于燃烧面积小，燃烧强度弱，放出的辐射热量少是扑救的有利时机，只要不错过时机，可以用很少的灭火器材，如一桶黄沙，或少量水就可以扑灭。所以，就地取材，不失时机地扑灭初起火灾是极其重要的。

③ 先控制，后灭火。在扑救火灾时，应首先切断可燃物来源，然后争取一次灭火成功。

④ 先救人，后救物。在发生火灾时，如果人员受到火灾的威胁，人和物相比，人是主要的，应贯彻执行救人第一，救人与灭火同步进行的原则，先救人后疏散物资。

⑤ 防中毒，防窒息。在扑救有毒物品时要正确选用灭火器材，尽可能站在上风向，必要时要佩戴面具，以防中毒或窒息。

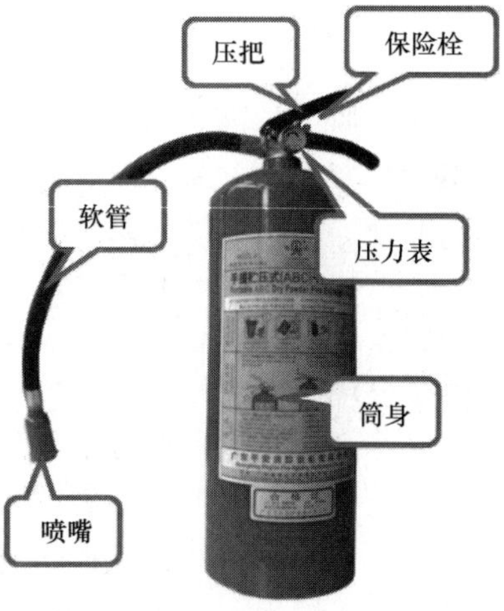

图 5-14　干粉灭火器示意图

⑥ 听指挥，莫惊慌。平时加强防火灭火知识学习，并积极参与消防训练，才能做到一旦发生火灾不会惊慌失措。

5.2.8 常见的消防设备

① 手提式干粉灭火器。手提式干粉灭火器是最常见、最广泛采用的灭火器（图 5-14），其中发生的化学反应：

$$3NaOH+2AlCl_3+3NaHCO_3 \longrightarrow 2Al(OH)_3\downarrow+3CO_2\uparrow+6NaCl$$

操作方法：当发生火灾时边跑边将筒身上下摇动数次，拔出安全梢，筒体与地面垂直手握胶管，选择上风位置接近火点，将皮管朝向火苗根部，用力压下握把，摇摆喷射，将干粉射入火焰根部，火焰熄灭后并以水冷却除烟。

② 其他类型的手提式灭火器。注意：不同的灭火器有不同的应用范围，不能随便使用，常见的灭火器及其使用范围总结见表 5-3。

表 5-3　　手提式灭火器及其适用场景

灭火器	适用场景
干粉灭火器	内装 $NaHCO_3$ 等盐类物质与适量的润滑剂和防潮剂，用于油类、可燃气体、电器设备、精密仪器、图书文件等不能用水扑灭的火焰
泡沫灭火器	主要适用于扑救各种油类火灾、木材、纤维、橡胶等固体可燃物火灾
二氧化碳灭火器	适用于各种易燃、可燃液体、可燃气体火灾，还可扑救仪器仪表、图书档案、低压电器设备等的初起火灾
四氯化碳灭火器	内装液态 CCl_4，用于电器设备和小范围的汽油、丙酮等火灾

③ 其他常见消防设备。

a. 消防沙箱（图 5-15）。用沙隔绝空气，达到窒息灭火的目的。

b. 消防栓（图 5-16）。取出消防栓内水带并展开，一头连接在出水接扣上，另一端接上水枪，缓慢开启球阀。快速拉取橡胶水管至事故地点，同时缓慢开启球阀开关。

图 5-15　消防沙箱

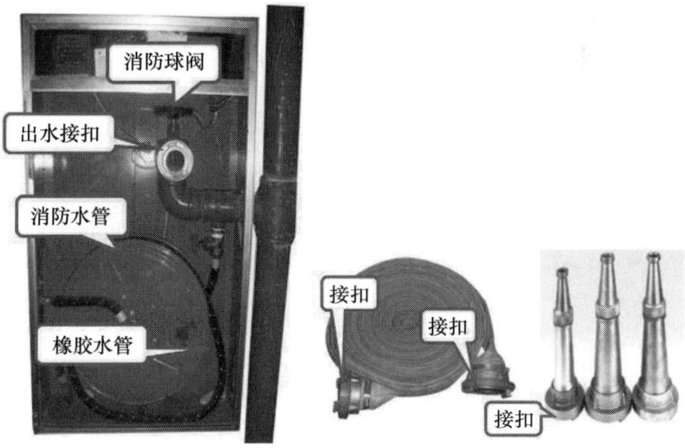

图 5-16　消防栓

c. 消防警铃（图 5-17）。当发生火灾时按下手动报警按钮，消防警铃就会发出火警警报提醒人们发生火灾。

d. 消防栓报警按钮（图 5-18）。当发生火灾时按下消防栓报警按钮，消防警铃就会发出火警警报，提醒人们发生火灾。同时，启动消防栓水泵。

图 5-17　消防警铃

图 5-18　消防栓报警按钮

e. 感温探测玻璃球喷头配置（图 5-19）。当温度达到 68℃时，感温探测的玻璃管就会自动爆裂。喷淋系统则启动消防喷淋，自动喷水灭火。

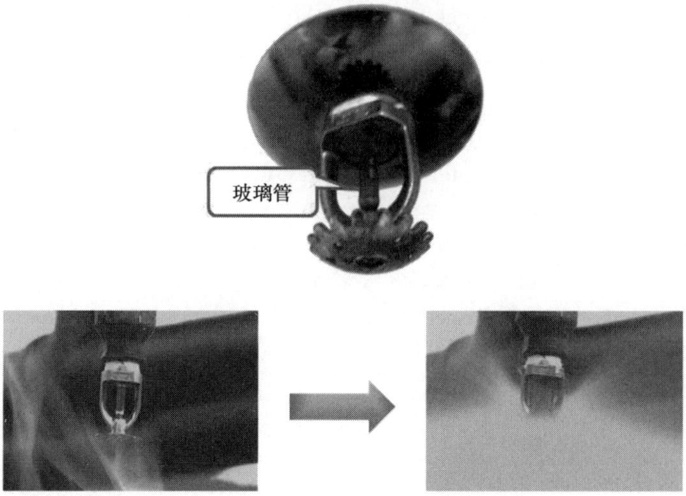

图 5-19　感温探测玻璃球喷头配置

f. 烟感传感器（图 5-20）。当空气中烟的浓度达到一定程度时，感烟探测就会自动报警，提醒人们发生火灾的位置。

g. 温感传感器（图 5-21）。当空气中热量达到一定程度时，温感探测就会自动报警，提醒人们发生火灾的位置。

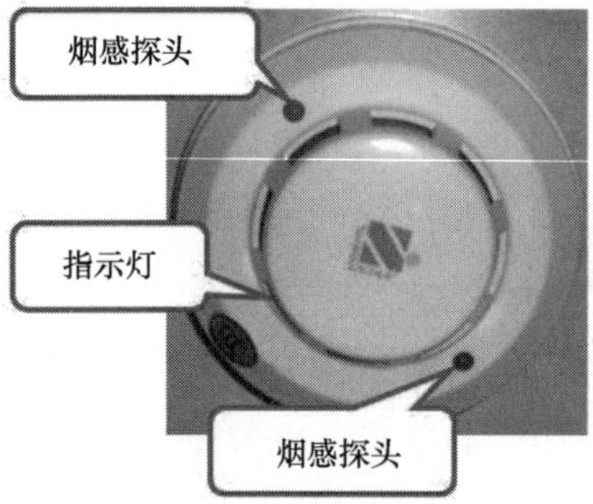

图 5-20　烟感传感器

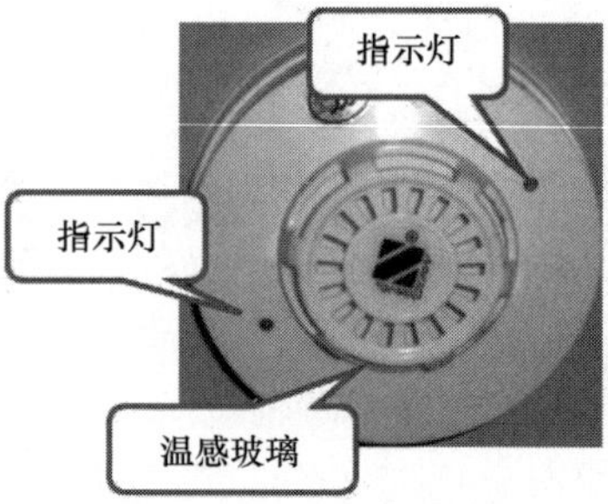

图 5-21　温感传感器

h. 消防应急灯（图 5-22）。当发生火灾时通常会伴有停电等现象，消防应急灯是一种自动充电的照明灯，当发生火灾或停电时，消防应急灯会自动工作照明，指示人们安全通道和出口的位置，以免疏散人群找不到安全出口而撞伤。

图 5-22　消防应急灯

i. 消防安全门（图 5-23）。消防安全门是发生火灾时人们用来逃生用的紧急安全出口，平时严禁上锁和堵塞。

j. 过滤式自救呼吸器（图 5-24）。使用方法依次为：打开盒盖，取出真空包装；撕开真空包装袋，拔掉前后二个罐盖；戴上头罩、拉紧头带；选择路径、果断逃生。其防毒时间应≥35min。

图 5-23　消防安全门

图 5-24　过滤式自救呼吸器

5.3　毒性物质及其防护

5.3.1　毒性物质的定义

根据《危险货物分类和品名编号》（GB 6944—2012）的规定，毒性物质指经口摄取半数致死量：

① 固体或液体 $LD_{50}\leqslant$ 300 mg/kg 体重。

② 经皮肤接触 24h，半数致死量 $LD_{50}\leqslant$1000mg/kg 体重。

③ 粉尘、烟雾吸入半数致死浓度 $LC_{50}\leqslant$4mg/L。

④ 蒸气毒性 $LC_{50}\leqslant$1000mL/m^3，且在 20℃和标准大气压下的饱和蒸气浓度大于或等于 1/5LC_{50}。

其中，急性毒性是经口或经皮肤给予物质的单次剂量或 24h 内给予的多次剂量，或 4h 吸入接触发生的急性有害影响，分为急性口服毒性、皮肤接触毒性、吸入毒性。并分别用口服毒性半数致死量 LD_{50}、皮肤接触毒性半数致死量 LD_{50}、吸入毒性半数致死浓度 LC_{50} 来衡量。

5.3.2　剧毒化学品

剧毒化学品的鉴定方法通常采用大鼠实验：经口 $LD_{50}\leqslant$5mg/kg，经皮 $LD_{50}\leqslant$50mg/kg，吸入（4h）$LC_{50}\leqslant$100mL/m^3（气体）或 0.5mg/L（蒸气）或 0.05mg/L（尘、雾）。

无机剧毒化学品多为含有氰基、汞、磷、砷、铅等化合物有机剧毒化学品除含有磷、汞、铅、氰基外，还有一些剧毒的天然产物，如萜类、聚醚、生物碱等，结构没有一定规律，其危险特性包括：

① 溶解性。很多毒性物质水溶性较强，易被人体吸收，危险性极大。但脂溶性强的毒性物质也可溶于脂肪中，能通过溶解于皮肤表面的脂肪层侵入毛孔或渗入皮肤而引起中毒。

② 挥发性。大多数毒性物质沸点较低，其挥发性强，易引起蒸气吸入中毒，增加中毒概率。有些毒性物质无色无味，隐蔽性强，更易引起中毒。

③ 分散性。固体毒物颗粒越小，分散性越好，特别是一些悬浮于空气中的毒物颗粒，更易吸入肺泡而中毒。如硅肺病就是由于吸入 0.25~0.5μm 大小的含有二氧化硅的粉尘造成的。故毒性物质的分散性越好，毒性越强。

④ 侵入性。有毒化学品通过消化道侵入人体的危险性比通过皮肤更大，因此进行有毒化学品作业时应严禁饮食、吸烟等。有毒化学品经过皮肤破裂的地方侵入人体，会随血液蔓延全身，加快中毒速度。因此，在皮肤破裂时，应停止或避免对有化学毒品的作业。

5.3.3 剧毒化学品的管理

剧毒化学品的管理（购买、领取、使用、保管等）要根据国务院、公安部和各地方的相关法规标准严格执行，如国务院自 2011 年 2 月起施行的《危险化学品安全管理条例》。

对于高校实验室，当前的政策规定：剧毒化学品要设专用库房和防盗保险柜，双人保管、双人领取、双人使用、双把锁、双本帐的“五双”原则，实验管理基层单位还应根据这些要求结合本单位实际情况制定具体管理制度，附录 6.2 和附录 6.4 中给出了具体示例。基于其操作烦琐性，本书已在前部章节阐述了借助智能化设备管理（危险）化学品的建设要求。

基于实验中不可避免地使用有毒化学药品或化学试剂，通风和有效的个人防护是开展化学实验的必须要求：

① 通风。实验室通风的主要目的是提供安全、舒适的工作环境，减少人员暴露在危险空气下的可能（图 5-25）。通风主要解决的是工作环境对实验人员的身体健康和劳动保护问题。

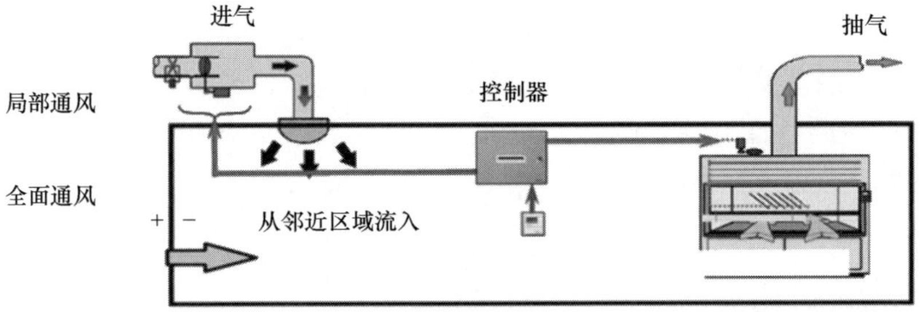

图 5-25 实验室通风

② 个人防护。在展开实验操作前，实验操作者的基本要求是实验服、护目镜和手套，禁穿拖鞋、短裤。对于长发女性，还要求盘在脑后。随着实验风险升高，个人防护应达到

相关操作要求（图5-26）。

5.3.4 高校常见急性毒性物质示例

（1）氰化钠（NaCN）。氰化钠为白色结晶粉末，易潮解，有微弱的苦杏仁气味。剧毒，皮肤伤口接触、吸入、吞食微量可中毒死亡，口服50mg即可引起猝死。遇酸会产生剧毒、易燃的氰化氢气体。在潮湿空气或CO_2中即缓慢发出微量氰化氢气体。与硝酸盐、亚硝酸盐、氯酸盐反应剧烈，有发生爆炸的危险。氰化钠容器必须密封，宜专仓专储，并保持干燥。远离火种、热源，切忌与酸类混储混运。应与碱类、铵类化合物等分开存放，严格执行剧毒物品“五双”管理制度。

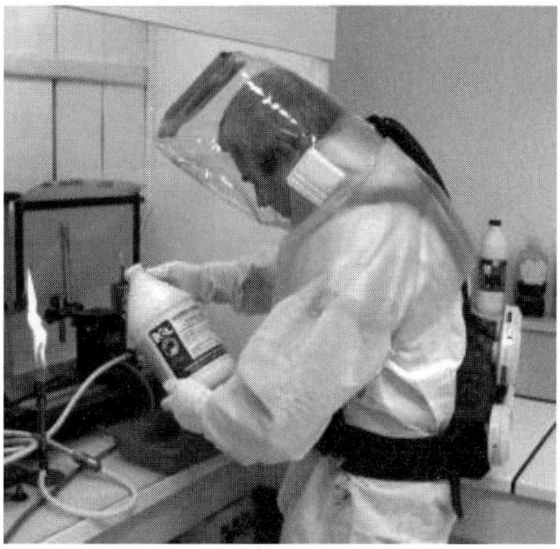

图5-26 高等级实验室防护

（2）三氧化二砷（As_2O_3，砒霜）。无臭无味的白色粉末。若遇高热，升华产生剧毒的气体。口服中毒出现恶心、呕吐、腹痛、四肢痛性痉挛、少尿、无尿、昏迷、抽搐、呼吸麻痹而死亡。可在急性中毒的1~3周内发生周围神经病。可发生中毒性心肌炎、肝炎。As_2O_3储存于阴凉、通风仓间内，远离火种、热源，防止阳光直射。其包装必须密封，切勿受潮。As_2O_3应与食用化学品、碱类、酸类等分开存放。搬运时要轻装轻卸，防止包装及容器损坏。分装和搬运作业时要注意个人防护。

（3）三致效应。苯胺、松节油、甲醛、苯甲酰氯等有经皮肤强致突变、致癌和致畸效应，称为遗传毒理的三致效应（图5-27）。

致突变性物质指可引起人体生殖细胞突变并能遗传给后代的化学品。联合国GHS规范通过生殖细胞致突变性实验来进行物质致突变性的判断，能导致突变的毒性物质有苯、氯乙烯、氟化乙烯、氯丁二烯、甲醛、二氯二乙硫醚等（GB 30000.22—2013）。

致癌性指能诱发癌症或增加癌症发病率的化学品（GB 30000.23—2013），如黄曲霉素B_1、4-联苯、三氧化二砷等。

致畸作用是指毒性物质对胚胎产生各种不良影响，导致畸胎、死胎、胎儿生长迟缓或某些功能不全等缺陷的作用（GB 30000.24—2013）。致畸物大致可分为化学性、物理性和生物性物质三类。常见致畸化学品有放射性物质、氨基蝶呤、麻醉剂、白消安、有机汞化合物、有机溶剂类、沙利度胺、阿巴克丁、抗甲状腺药物、苯妥英、腐霉利、四环素等。

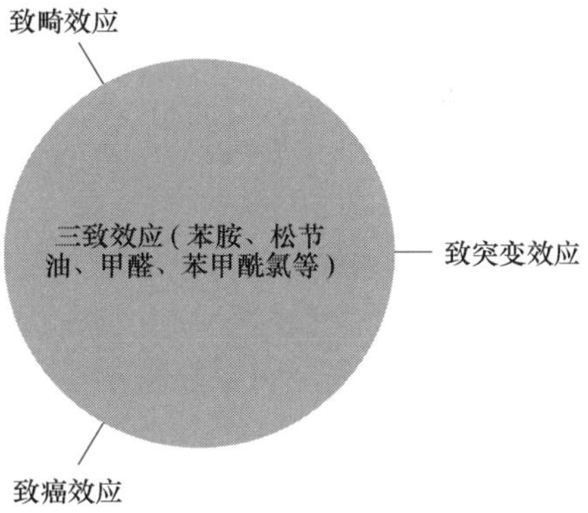

图5-27 产生遗传毒理的三致效应及其常见物质

（4）特异性靶器官毒性物质。特异性靶器官毒性物质指一次接触或反复接触物质或混合物引起的特异性、非致死性的靶器官毒性作用，包括所有明显的健康效应，可逆的和不可逆的、即时的和迟发的功能损害。此类物质排除了上述的健康毒性物质，主要针对某一特定器官。

根据对相应靶器官毒性的显著性，特异性靶器官毒性（一次接触）可分为3类：

类别1：一次接触后已知确定可对器官造成损害的物质，比如二硫化碳、二氧化硒、甲醇等。

类别2：一次接触后可能对器官造成损害的物质，比如呋喃、硫氢化钠等。

类别3：具有呼吸道刺激或麻醉效应的物质（GB 30000.25—2013），比如发烟硫酸、1,2-二溴乙烷等。

特异性靶器官毒性（多次接触）可分为2类：

类别1：长时间或反复接触确定对器官造成损害的物质，比如邻苯二甲酸苯胺、硫化镉等。

类别2：长时间或反复接触可能对器官造成损害的物质，比如间二硝基苯、甲苯等。

（5）环境污染物Ⅰ。水生毒性物质。指对水生生物造成危害的物质，分为急性水生毒性物质和慢性水生毒性物质。

急性水生毒性物质指在水中短时间暴露对水生生物造成危害的物质。急性水生毒性一般使用鱼类或藻类相关国标确定，这些物种被认为可以代表所有水生生物的遇毒情况。根据试验数据，急性水生毒性物质分为两个类别：

类别1：包括马钱子碱、二氧化硒、高锰酸钾等。

类别2：包括甲苯、硫酸二甲酯、氯磺酸等。

慢性水生毒性物质是指在水中长时间暴露对水生生物造成危害的物质，时间的长短应根据生物体的生命周期确定；慢性水生毒性主要根据《化学品鱼类早期生活阶段毒性试验》（GB/T 21854—2008）、《化学品　大型溞繁殖试验》（GB/T 21828—2008）和《化学品　藻类生长抑制试验》（GB/T 21805—2008）来确定。

根据试验数据，慢性水生毒性物质分为三个类别：

类别1：包括萘、a-蒎烯、偏砷酸等。

类别2：比如三氯化锑、石油醚、正已烷等。

类别3：包括正戊酸、金属钡、苯酚溶液等。

（6）环境污染物Ⅱ：危害臭氧层物质。指《关于消耗臭氧层物质的蒙特利尔议定书》附件中列出的受管制的物质，如氟氯化碳、哈龙、全卤化氟氯化碳、四氯化碳、三氯乙烷、氟氯烃、氟溴烃、甲基溴、溴氯甲烷。

（7）有毒物质标识。在有毒物质储存、运输和操作的场所或容器上，应张贴以下标识作为提醒（图5-28）：

（8）易制毒化学品。毒品是指鸦片、海洛因、冰毒（甲基苯丙胺）、吗啡、大麻、可卡因以及国家规定管制的其他能够使人形成瘾的麻醉药品和精神药品。

毒品制造常与一些化学药品、化学试剂有关。如从鸦片加工成海洛因，需要醋酸酐、乙醚、三氯甲烷等医药或化工原料。醋酸酐、乙醚、三氯甲烷等本身不是毒品，但其在毒品生产中起着不可或缺的作用，是生产合成毒品的重要辅助原料。无论是大麻、可卡因等天然植物毒品还是冰毒、摇头丸等合成化学毒品的加工都离不开易制毒化学品，从某种意

图 5-28 常见有毒物质标识

义上说，没有易制毒化学品就没有毒品。

对于易制毒化学品，应采用以下管理措施：

① 学校应在实验室主管部门设立专人专岗负责全校易制毒化学品管理，实验操作人员提交购买申请，经主管单位负责人审批同意后，统一办理购买审批手续及备案证明。

② 使用单位要建立专门的符合存放条件的易制毒化学品仓库，保证易制毒化学品通风、控温、分类存放。

③ 领用易制毒化学品要采取少量多次的原则，尽量避免一次性大量领用，使用不完造成积存及存在安全隐患。

④ 易制毒化学品丢失、被盗、被抢的，发案单位应当立即向学校保卫部门和实验室管理部门报告。

5.3.5 中毒的应急处理

（1）误食（有毒）化学品的应急处理。误食化学品的危险性最大。患者因吞食药品中毒而发生痉挛或昏迷时，非专业医务人员不可随便进行处理。除此以外的其他情形，则可采取下述方法处理：

① 化学药品溅入口中而未咽下者应立即吐出，并用大量清水冲洗口腔。

② 误吞化学品主要有 3 种处理方式。

a. 为了降低胃液中化学品的浓度，延缓毒物被人体吸收的速度并保护胃黏膜，可饮食下列食物：如新鲜牛奶、生蛋清、面粉、淀粉、土豆泥的悬浮液以及水等，也可用 500mL 的蒸馏水加入 50g 活性炭，服用前再加 400mL 蒸馏水，并把它充分摇动润湿，然后给患者分次少量吞服。

b. 催吐，先用手指或筷子或匙的柄摩擦患者的喉头或舌根，使其呕吐，若用上述方法还不能催吐时，可在半杯水中，加入 15mL 吐根酊（催吐剂之一），或在 80mL 热水中溶解 1 茶匙食盐饮服催吐，或者用 5~10mL 的 5%的稀硫酸铜溶液加入一杯温水，内服后用手指伸入咽喉部催吐后，迅速送医治疗。

c. 吞服万能解毒剂（2 份活性炭、1 份氧化镁和 1 份丹宁酸的混合物），用时可取 2~3 茶匙此药剂，加入一杯水，调成糊状物吞服。

③ 强酸。吞入酸者，先饮大量水，再服氢氧化铝膏或 2.5%氧化镁溶液（不可使用碳酸钠或碳酸氢钠溶液做中和剂，因为酸会与之反应产生大量二氧化碳气体，使中毒者产生严重不适），然后吞入蛋清，喝点鲜牛奶，不要服催吐剂。

④ 强碱。吞入碱者，先饮大量水，再服醋或酸性果汁（如柠檬汁等），然后吞入蛋清，喝鲜牛奶，立即送医救治。

⑤ 铅及铅的化合物。用硫酸钠或硫酸镁灌肠，送医治疗。

⑥ 酚类化合物。立即给患者饮自来水、牛奶或吞食活性炭以减缓毒物被吸收的程度，然后反复洗胃或进行催吐，再口服 60mL 蓖麻油和硫酸钠溶液（将 30g 硫酸钠溶于 200mL 水中），注意千万不可服用矿物油或用乙醇洗胃。

⑦ 乙醛、丙酮、苯胺。可用洗胃或服用催吐剂的方法除去胃中的药物，随后服用泻药，若呼吸困难，应给患者输氧，丙酮一般不会引起严重的中毒。

⑧ 氯代烃。吞食氯代烃后，应用自来水洗胃，然后饮服硫酸钠溶液（将 30g 硫酸钠溶于 200mL 水中），千万不要喝咖啡之类的兴奋剂。

⑨ 甲醛。吞食甲醛后，应立即服用大量牛奶，再用洗胃或催吐等方法进行处理，待吞食的甲醛排出体外，再服用泻药，如果条件允许，可服用 1%的碳酸铵水溶液。

⑩ 二硫化碳。吞食二硫化碳后，首先应洗胃或用催吐剂进行催吐，让患者躺下，并加以保暖，保持通风良好。

⑪ 重金属盐。喝一杯含有几克硫酸镁的水溶液，立即就医，不要服催吐药，以免引起危险或使病情复杂化。

（2）吸入常见化学有毒气体的急救方法。应先将中毒者转移到有新鲜空气的地方，解开衣领和纽扣让患者进行深呼吸（必要时可进行人工呼吸），必要时吸氧。待呼吸好转后，立即送医院治疗。

注意：硫化氢、氯气和溴中毒不可进行人工呼吸，一氧化碳中毒不可使用兴奋剂。

氯、溴、氯化氢蒸气：吸入稀氨水与乙醇或乙醚的混合蒸气。

砷化氢、磷化氢：呼吸新鲜氧气。

一氧化碳、氢氰酸：吸氧，实行人工呼吸。

氨、苛性碱：吸入水蒸气，或服 1%乙酸溶液，同时吞服小冰块。

氰化钾、砷盐：氧化镁与硫酸亚铁溶液强烈搅动生成的新鲜氢氧化铁悬浮液。

（3）皮肤沾染毒物的应急处理。应立即脱去被污染的衣服，并用大量水冲洗皮肤（禁用热水，冲洗时间不得少于 15min），再用消毒剂洗涤伤处，最后涂敷能中和毒物的液体或保护性软膏。

注意：

① 如沾染毒物的地方有伤痕，需迅速清除毒物，并请医生进行治疗；

② 有些有害物能与水作用（如浓硫酸或者一些金属遇水会放热），应先用干布或其他能吸收液体的干性材料擦去大部分污染物后，再用清水冲洗患处或涂抹必要的药物。

（4）眼睛接触毒物的应急处理。立即提起眼睑，使毒物随泪水流出，并用大量流动清水（可使用洗眼器）彻底冲洗。冲洗时，要边冲洗边转动眼球，使结膜内的化学物质彻底洗出，冲洗时间一般不得少于 30min。

如若没有冲洗设备或无他人协助冲洗时，可将头浸入脸盆或水桶中，浸泡十几分钟，可达到冲洗目的。

注意：

① 一些毒物会与水发生反应，如生石灰、电石等，若眼睛沾染此类物质则应先用沾有植物油的棉签或干毛巾擦去毒物，再用水冲洗。

② 冲洗时忌用热水，以免增加毒物吸收。

③ 切记不可使用化学解毒剂处理眼睛。

（5）煤气中毒。

煤气中毒，即 CO 中毒。煤、煤球、木炭、天然气等在氧气不足、燃烧不完全的情况下产生大量的 CO，吸至体内后造成身体严重的缺氧。常见场景为冬天用火炉取暖，通风不良时易发生中毒。

中毒表现：初起感到头痛、头晕、全身乏力、恶心、呕吐，随之上述症状加重，以致晕倒、昏睡，继之昏迷、大小便失禁，呼吸困难，可因严重缺氧，呼吸循环衰竭而死亡。

急救方法：

① 立即打开门窗通风。

② 使病人离开中毒场所，安置在空气新鲜又流通的地方，同时注意保温，有条件的可吸氧。

③ 能饮水者给其喝热的糖开水。

④ 呼吸困难或刚停止时，立即施行口对口人工呼吸。若心脏停搏，同时进行胸外心脏按压术。

⑤ 严重者请医生急救，护送转院抢救。

（6）急性酒精中毒（醉酒）。

中毒表现：头昏、乏力、兴奋多话、语无伦次、呕吐，随之昏睡，脸色苍白，脉细弱，呼吸表浅、血压下降。

急救方法：

① 应迅速催吐。如有呕吐，及时清除呕吐物，以免堵塞呼吸道。

② 喝浓茶水，或糖开水加快排泄。

③ 严重者转送医院。

总结上述急救方法，其基本原则是：排出毒物、尽快就医。对于气体中毒者，应立即使中毒者脱离现场，至空气流通处，吸入新鲜空气；对于皮肤沾染毒物者，应立即用大量清水冲洗；对于食入毒物者，应采用催吐、洗胃的前处理办法。催吐——用筷子、匙柄或用手指刺激病人的咽喉部引起呕吐。洗胃——用大量的清水或淡盐水喝下，然后用上述催吐法催吐，再喝再催吐，反复进行。各种中毒经相应处理后，尽快送往医院。

此外，化学毒物急救的附加原则是：避免反应——如不可立即用酸处理碱烧伤或中毒，应做必要的预处理后，再用稀酸处理，不可将人体作为“反应器”。

5.4 生物安全及其防护

5.4.1 实验室生物安全分级

GB 19489—2008《实验室 生物安全通用要求》根据所操作的生物因子的危害程度和采取的防护措施，将生物安全实验室的生物安全防护水平分为四级，一级防护水平最低，四级防护水平最高，确定了不同等级水平实验室的建立和评价标准，如表5-4所示。

表5-4 生物安全实验分级标准

生物安全实验室级别	分级标准
一级生物安全实验室（BSL-1）	实验室结构设施、安全操作规程、安全设备适用于对健康成年人已知无致病作用的微生物，如用于教学普通微生物实验室等，具有Ⅰ级防护水平
二级生物安全实验室（BSL-2）	实验室结构设施、安全操作规程、安全设备适用于对人或环境具有中等潜在危害的微生物，具有Ⅱ级防护水平
三级生物安全实验室（BSL-3）	实验室结构设施、安全操作规程、安全设备适用于主要通过呼吸系统途径使人传染上严重甚至致死疾病的致病微生物及其毒素，具有Ⅲ级防护水平
四级生物安全实验室（BSL-4）	实验室结构设施、安全操作规程、安全设备适用于对人体具有高度的危险性，通过气溶胶途径传播或传播途径不明，目前尚无有效的疫苗或治疗方法的致病微生物及其毒素，具有Ⅳ级防护水平

根据以上定义，目前市、区两级疾病预防控制机构实验室因接触可能含有致病微生物的标本，通常应达到二级生物安全实验室要求，BSL-2适用于对人或环境具有中等潜在危害的微生物，其与BSL-1的区别在于：

① 实验人员是否接受过生物安全防护的培训。

② 是否有进入生物安全实验室的限制措施。

③ 对已经受到或可能受到污染锐器的使用是否足够重视。

④ 某些可能产生传染性气溶胶或飞溅物的实验过程，是否在生物安全柜中或其他物理抑制设备中进行。

5.4.2 实验室设施设备的配置

生物安全实验室防护水平不同，相应的实验室设施设备的配置也不尽相同。

和BSL-1相关的病源，其操作一般不需要生物安全柜之类的特殊遏制装置或设备。实验台表面应能防水、耐热、耐有机溶剂、耐酸碱和耐用于工作台面及设施消毒的其他化学物质。应装防止苍蝇的窗纱。

BSL-2适用于对人或环境具有中等潜在危害的微生物，实验室设施设备的配置及操作应遵循以下准则：

① 任何时候都要使用正确保养的生物安全柜，最好是二级生物安全柜、其他合适的人员防护设施、物理遏制装置。

确定可能形成传染性气溶胶或溅出物的实验过程，如离心、研磨、匀浆、剧烈震荡或混匀、超声波破裂、开启装有传染源的容器（容器内部的压力可能与大气压不一致）、动物鼻孔接种、从动物或胚胎卵采集感染组织等。

涉及高浓度或大体积的传染源时，选用密封转头或带安全罩的离心机时，若转头或安全罩仅在生物安全柜中打开，则可在开放实验室内离心。

② 当必须在生物安全柜外处理微生物时，需采取面部保护措施（眼镜、口罩、面罩、或其他防溅装置），以免传染源或其他有害物溅或洒到面上。

③ 在实验室内，必须使用专用的防护性外衣、大褂、罩衫或制服。人员到非实验室区域时，防护服必须留在实验室内。防护服可以在实验室内处理，也可以在洗衣房中洗涤，但不能带回家中。

④ 可能接触潜在传染源、被污染的表面或设备时，要戴手套，戴两副手套更合适。明显污染的手套要处理，当有关传染源工作结束或手套损伤时，要去掉手套。一次性手套不用清洗，不能重复使用，不能用于接触“洁净”的表面（键盘、电话等），也不应当戴着到实验室外。要备有带滑石粉的乳胶手套。脱掉手套后，要洗手。

⑤ 实验台表面应能防水、耐热、耐有机溶剂、耐酸碱和耐用于工作台面及设施消毒的其他化学物质；应有眼睛冲洗装置；如果实验室有对着外面的窗子，应装防止苍蝇的窗纱。

⑥ 安装生物安全柜时，要考虑到房间的通风和排风，不会导致生物安全柜超出正常参数运行。生物安全柜应远离门、远离能打开的窗，远离行走区，远离其他可能引起风压混乱的设备，保证生物安全柜气流参数在有效范围内。

5.4.3 个人防护和实验室安全行为

在参加突发事件应急处理的同时，一定要保障的疾控人员的自身安全，防止出现实验室感染和泄漏。以下为基础的一级、二级生物安全实验室的行为标准：

（1）一级生物安全实验室（BSL-1）。

① 穿实验服、大褂、制服，避免污染和衣服上的尘土。

② 若手上皮肤有伤或出皮疹，应戴手套。

③ 操作过程中，估计会出现微生物或危险物溅出时，应戴保护眼具。

（2）二级生物安全实验室（BSL-2）。

① 在开展有关传染病源工作时，实验室主任应禁止或限制人员进入实验室。一般情况下，易感人员或感染后会出现严重后果的人员，不允许进入实验室，例如，患有免疫缺陷或免疫抑制的人，其被感染的危险性增加。实验室主任对每种情况的估计和决定谁能进入实验室工作，负有最终责任。

② 实验室人员接受适当的、和实验室中处理或将要处理的病源有关的免疫接种或测试（如乙肝免疫接种或 TB 皮试）。根据所处理的病源，适当时，收集和储存适合于实验室人员和有风险人员使用的基本血清样品。根据所处理病源或设施的功能，应定期收集其他血清样品。

③ 实验室主任为实验室人员特别制定的标准操作程序或生物安全手册中，应包括生物安全程序。对于有特殊风险的人员，要求阅读并在工作及程序上遵照执行。

④ 实验室主任保证实验及其辅助人员接受适当的培训，包括和工作有关的可能存在的风险、防止暴露的必要措施和暴露评估程序。当程序必须改变时，有关人员必须每年更

新知识，接受附加培训。

⑤ 存在外源性病源时，实验室入口处应贴有生物危险标志，并显示以下信息：有关病源、生物安全级别、免疫接种要求、研究人员姓名、电话号码、在实验室中必须佩戴的个人防护设施、出实验室所要求的程序。

⑥ 许在工作区域饮食、吸烟、清洗隐形眼镜和化妆。不允许在工作区存放食物和日常生活用品。在实验室中，戴隐形眼镜的人，也需戴口罩或面罩。食物应存放在工作区域以外专用橱柜或冰箱中。

⑦ 不能用嘴移液，只能用机械装置移液。制定锐器安全使用规范，对于污染的锐器，必须时刻保持高度的警惕，包括针、注射器、玻片、加样器、毛细管、手术刀，可以用其他器具的，就不要用锐器。可能时，用塑料器具代替玻璃器具。打碎的玻璃器皿不能直接用手处理，必须用其他工具处理，如刷子和簸箕、夹子或镊子。盛污染的针头、锐器、碎玻璃的容器在倒掉前，应按照规定进行消毒。

⑧ 所有的操作过程应尽量细心，避免产生溅出物和气溶胶。消毒至少一天一次，活体溅出时，也应及时进行台面消毒。溅出或偶然事件中，明显暴露于传染源时，要立即向实验室主任报告。进行适当的医学评估、观察、治疗，保留书面记录。

⑨ 所有的培养物、储存物及其他规定的废物在释放前，均应使用可行的消毒方法进行消毒，如高压灭菌。转移到就近实验室消毒的物料应置于耐用、防漏容器内，密封运出实验室，其包装应符合国家有关规定。

5.5 水电气安全

5.5.1 实验室用电安全

(1) 电击伤害概述。电是我们工作、生活不可缺少的能源。电热水器、电风扇、冰箱、空调、电吹风、电脑、家庭影像设备等家用电器越来越多。如果电器的质量不达标、使用年限超限、违规操作都可能造成触电。

自然界的雷击也是一种触电形式，其电压可达几千万伏，强大的电流袭击能使人的心跳和呼吸立即停止并造成严重烧伤。触电对人致命的伤害是引起心室纤维性颤动、心跳骤停、呼吸麻痹，因而及时有效的心脏除颤、心肺复苏是抢救成功的关键。

(2) 电击伤害的种类。电击对人体的伤害可概括为电流本身及电能转换为热和光效应所造成的伤害，可以分为：

① 电流伤（触电）。电流通过心脏，引起严重的心律失常、心室纤维性颤动（心室纤颤），从而导致心脏无法排出血液，血液循环中断，很快心跳骤停。电流对延髓中枢的损害，可造成呼吸中枢的抑制、麻痹，导致呼吸衰竭，呼吸停止。

② 电烧伤。多见于高压（1000V 以上）电器设备，烧伤程度因电压及接触部位不同而不等，轻者仅为局部皮肤的损伤，严重者伤害面积大，可深达肌肉、血管、神经、骨骼。

(3) 电击伤害的症状。轻者有惊吓、发麻、心悸、头晕，一般可自行恢复。重者出现强直性肌肉收缩、昏迷、休克、心室纤颤，低压电流可引起心室纤维性颤动至心跳骤停。高压电流主要伤害呼吸中枢，导致呼吸麻痹、呼吸停止。

电机也可造成局部烧伤：

① 低电压所致的烧伤。常见于电流进入点与流出点，创面小，直径 0.5~2cm，呈椭圆形或圆形，焦黄或灰白色，干燥，边缘整齐，与健康皮肤分界清楚。一般不损伤内脏，致残率低。

② 高压电所致的烧伤。常有一处进口和多处出口，创面不大，但可深达肌肉、神经、血管甚至骨骼，有口小底大、外浅内深的特征。致残率高达 35%~60%。

（4）现场救护原则。

① 迅速切断电源，关闭电闸，或用干木棍、竹竿等不导电物体将电线挑开。电源不明时，不要直接用手接触触电者，在确定伤病员不带电的情况下立即救护。

② 在浴室或潮湿地方，救护人员要穿绝缘胶鞋，戴胶皮手套或站在干燥木板上以保护自身安全。

③ 呼吸心跳停止者，立即进行心脏除颤、心肺复苏（CPR）。不要轻易放弃，一般应进行半小时以上。有条件尽早在现场使用自动体外除颤仪（AED）进行心脏电除颤。

④ 紧急呼救。

⑤ 在现场持续进行心肺复苏救护，直到专业医务人员到达现场。

⑥ 烧伤伤病员局部应就地取材进行创面的简易处理。

（5）实验室用电注意事项。电器、电线的老旧，易造成漏电事件或因电线走火引发火灾。

连线：仪器连线必须使用带有接地的三根线的护套线，不可使用普通的塑料绞线，严禁私拉乱扯。

维修：维修仪器时必须切断电源，方可拆机修理。

人离开实验室，正在反应的搅拌器，应将搅拌速度调小（晚上用电器少，速度加快，易打破或打翻反应瓶，引发安全问题），其他电器一律检查关闭。

（6）防静电保护。静电是在一定的物体中或其表面上存在的电荷。一般 3~4kV 的静电电压就会使人产生不同程度的电击感觉。实验室的设备部分有电子元器件，对静电非常敏感，电子元件容易受静电的影响而发生性能的下降和不稳定，从而引发各种故障。静电不仅会造成设备运行出现随机故障，减短电子设备的使用寿命，而且还会破坏仪器内部元件，导致误操作，严重的会烧毁有关电子元器件和整个电路板，引发火灾，造成设备损坏和人员伤害。

实验室最关键的防静电措施就是确保实验室仪器设备接地良好，做好保护接地，让静电随时流入大地。除此之外，还应注意两个问题。第一是保持实验室室内整洁卫生，由于静电的力学效应，静电吸附很容易使工作场所的悬浮尘埃吸附在电子器件的芯片表面，从而影响半导体器件的良好性能，因此应保持实验室的整洁卫生。第二是要控制实验室的温度和湿度，温度和湿度对静电的影响很大，当室温在 20℃左右，相对湿度在 60%左右时，静电就难以产生，有条件的情况下，可以使用空调调节室温，利用加湿器控制室内湿度，来防止静电的产生。

（7）防触电的一般原则。

① 不用潮湿的手接触电器。

② 电源裸露部分应有绝缘装置（例如电线接头处应裹上绝缘胶布）。

③ 所有电器的金属外壳都应保护接地。

④ 实验时，应先连接好电路后才接通电源。实验结束时，先切断电源再拆线路。

⑤ 修理或安装电器时，应先切断电源。

⑥ 不能用试电笔去试高压电，使用高压电源应有专门的防护措施。

⑦ 如有人触电，应迅速切断电源，再进行抢救。

（8）电器火灾防护。

① 使用的保险丝要与实验室允许的用电量相符。

② 电线的安全通电量应大于用电功率。

③ 室内若有氢气、煤气等易燃易爆气体时，应避免产生电火花。电器工作和开关电闸时，易产生电火花，要特别小心。电器接触点（如电插头）接触不良时，应及时修理或更换。

④ 如遇电线起火，应立即切断电源，用沙或二氧化碳、四氯化碳灭火器灭火，禁止用水或泡沫灭火器等导电液体灭火。

（9）实验室电器使用注意事项。

① 使用动力电前，先了解电器仪表要求使用的电源是交流电还是直流电；是三相电还是单相电以及电压的大小（380 V、220 V 或 110 V）。必须弄清电器功率是否符合要求及直流电器仪表的正、负极。使用动力电时，应先检查电源开关、电机和设备各部分是否良好。

② 启动或关闭电器设备时，必须将开关扣严或拉妥，防止似接非接状况。使用电子仪器设备时，应先了解其性能，按操作规程操作，若电器设备发生过热现象或发出异味时，应立即切断电源。

③ 人员较长时间离开房间或电源中断时，要切断电源开关，尤其是要注意切断加热电器设备的电源开关。

④ 电源或电器设备的保险丝烧断时，应先查明烧断原因，排除故障后，再按原负荷选用适宜的保险丝进行更换，不得随意加入或用其他金属线代替。

⑤ 实验室的定碳炉、硅碳棒高温炉，均应设安全罩，应添加接地线设备，妥善接地，以防止触电事故。

⑥ 注意保持电线和电器设备的干燥，防止线路和设备受潮漏电。

⑦ 实验室内不应有裸露的电线头，电源开关箱内，不准堆放物品，以免触电或燃烧。

⑧ 要警惕实验室内发生电火花或静电，尤其在使用可能构成爆炸混合物的可燃性气体时，更需注意。

⑨ 没有掌握电器安全操作的人员不得擅自改动电器设施，或随意拆修电器设备。

⑩ 使用高压动力电时，应遵守安全规定，穿戴好绝缘胶鞋、手套，或用安全杆操作。

⑪ 在电器仪表使用过程中，如发现有不正常声响、局部温升或嗅到绝缘漆过热产生的焦味，应立即切断电源，并报告维护人员进行检查。

（10）仪器使用安全。

① 仪器使用者必须认真地阅读操作规程，经过培训方可上机操作。

② 必须严格按照相关仪器操作规程进行操作。

③ 遇到仪器发生故障，立即向管理人员报告，不得擅自处理。

④ 按操作规程使用水、电。发现安全隐患应立即报告，及时处理。离开实验室时应检查仪器、水、电、门、窗是否关好，夏季应检查空调是否关闭。

⑤ 不得擅自挪用与公用仪器相关的辅助设备和零、配件，以及实验室内的一切公用设施。

此外，对实验室用电安全作补充说明如下：

① 系统接地是一般要求。

② 经常接触和使用的配电箱、配电板、闸刀开关、按钮、插座、插销以及导线等，必须保持完好，不得有破损或将带电部分裸露。

③ 插座横置，严禁私拉乱接。

④ 对设备进行维修时，一定要切断电源，并在明显处放置如“禁止合闸，有人工作”的警示牌。

⑤ 从事电气工作的人员为特种作业人员，必须经过专门的安全技术培训和考核，发证方可上岗。

5.5.2 实验室用气安全

化学实验常用到高压储气钢瓶和一般受压的玻璃仪器，使用不当，会导致爆炸，需掌握有关常识和操作规程。一般通过钢瓶的颜色来识别气体钢瓶，可参见第三章相关内容。高压气瓶的安全使用要求为：

① 气瓶应专瓶专用，不能随意改装。

② 气瓶应存放在阴凉、干燥、远离热源和强烈震动的地方，易燃气体气瓶与明火距离不小于5m。

③ 氢气瓶最好隔离。

④ 钢瓶必须用铁链固定、放置要牢靠，防止倾倒（图5-29）。

⑤ 气瓶搬运要轻要稳，要用推车，不得用手执着开关阀移动。

⑥ 各种气压表不得混用。

⑦ 氧气瓶严禁油污，注意手、扳手或衣服上的油污。

⑧ 气瓶内气体不可用尽，以防倒灌。

a. 惰性气体：应剩余0.05MPa以上压力的气体。

b. 可燃气体：应剩余0.2MPa以上压力的气体。

c. 氢气：应剩余2.0MPa以上压力的气体。

5.5.3 实验室用水安全

化学实验中不可避免使用水。除了用作溶剂，最常见的情况是用于冷凝（图5-30）。冷凝水通过橡胶管与水龙头相连，再接到玻璃冷凝装置的入水口（下方）。虽然两连接处都做了防滑处理，仍然可能因为操作不仔细或橡胶管老化等原因导致漏水，漏水漫到实验室中的其他药品储存区可能引起严重安全事故，这是实验室中潜在的用水安全问题。因此，实验操作员应养成频繁“查岗”的实验习惯，对实验现象进行记录，保证仪器设施等的正常运转。

图 5-29 实验室内钢瓶放置方式示意图

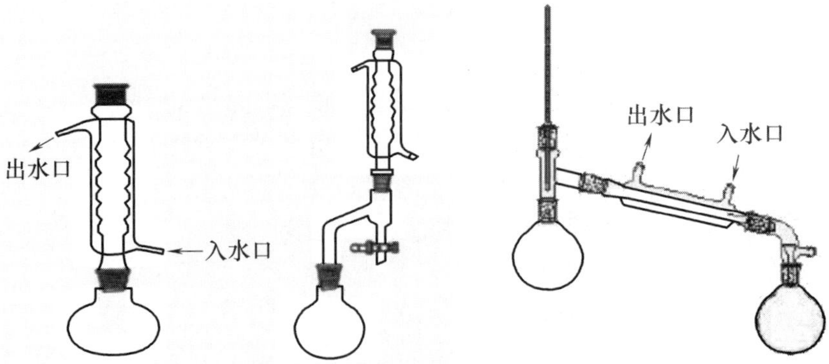

图 5-30 实验中常见的冷凝用水

5.6 实验室常见伤害和处理方法

5.6.1 冻伤

冻伤的应急处理方法：应尽快脱离现场环境，快速复温，这是处理冻伤最有效、关键的方法。即迅速将冻伤部位放入 37~40℃的温水中浸泡复温，约 20min，不宜过长。对面部的冻伤，可用 37~40℃的温水，热敷。无温水用的情况下，用自身或救助者体温复温。

5.6.2　烧伤

烧伤的应急处理方法：通过冷水持续浸泡、冲洗或湿敷，直至局部皮肤不疼、不红、不起泡，随后涂药或送医。

5.6.3　割伤

实验室玻璃容器较多，操作中难免产生碎玻璃。此外，还有金属物品等，若处理或操作失误，可能会造成割伤。割伤的一般处理方法：以清水冲洗伤口，贴上干净的消毒胶布，去医务室清洗伤口，处理。

5.6.4　化学药品溅进眼睛

处理方法：以大量清水冲洗眼睛，之后去医务室请医生帮忙清洁，处理。

5.6.5　在倾倒酸/碱溶液时接到液体

处理方法：立刻以大量清水冲洗患处最少 5min，去医务室请医生帮忙处理。

附　　录

附录一　化学实验安全指南

安全地进行实验是实验室全体成员应当承担的责任，需要实验者对潜在危害具有正确的态度、丰富的知识并掌握合理的处置方法。本指南提供了化学实验中最基本的安全常识和要求。

1. 安全工作，人人有责。实验指导教师、实验技术人员、参加实验的学生，必须牢固树立“安全第一，预防为主”的思想，严格遵守实验室管理制度和实验操作流程，防止任何安全事故的发生。未经中心批准，实验室不得擅自安排院外人员做实验，新进实验室做实验的人员需要经过安全培训和考核。

2. 实验中心副主任分管实验室安全工作，每间教学实验室和公共实验室由中心确定专门的实验室安全责任人，科研实验室由实验室负责人担任安全责任人，并指定专人担任实验室的安全员。教学和科研实验室的安全责任人对分管的实验室卫生和安全负责，实验中心副主任具体负责安全管理制度的实施，包括对实验室的安全检查和监督；纠正违章；处理安全事故；编写安全工作简报；指导中心保安的工作，保持与学校保卫部的联系；在实验中心与学院办公室、各实验室、中心保安室之间起工作的协调作用。中心的安全员直接对实验中心主任负责。

3. 首次进入实验室的人员包括教师和学生，在进行化学实验前必须认真学习《化学实验室安全基础知识》，并通过实验室安全准入考试，严格遵守有关规定。

4. 实验人员进入实验室后应首先了解实验区安全设施的位置和安全通道的走向，例如消防设施、急救箱等；了解实验室内安全设施，及水、电总开关的位置；了解门禁的应急开关位置；了解防护眼镜、紧急洗眼器和喷淋器的使用方法。

5. 实验着装应符合安全和个人防护的需要。实验过程中必须佩戴防护眼镜，穿长袖实验服、长裤和不露脚面的鞋子，过肩长发应束起。不允许穿拖鞋。应根据教师的要求使用防护手套等其他防护器具。

6. 不得在楼道疾走、迅跑。

7. 书包、外衣等物品应存放在实验室指定位置。食品饮料不得带入实验室。

8. 为确保安全应反复阅读所有实验程序。如果不能确定如何才能安全地进行实验操作，请询问你的指导教师。进行具有危险性的新实验的人员应该熟悉所用试剂以及反应产物的性质，对实验中可能发生的异常状况应该有足够的防备措施。

9. 实验进行中操作者不得随意离开实验室，具有安全保障和仪器运行可靠的实验可以短时间离开，但离开时必须委托他人暂时代管实验。

10. 试剂瓶标签应阅读两次！确认已经选择了正确的药品。不要用吸量管直接从试剂瓶中取样，已取出的试剂不能再放回原试剂瓶中。

11. 在指定区域进行实验时，应保持整洁以确保能有效的工作。做完实验后将该区域彻底清扫干净。任何药品遗洒（撒）后都必须立刻清理。

12. 在实验室工作期间，实验台上的所有抽屉和柜门都应当处在关闭状态。个人保管或使用的仪器应适当标记，柜子不使用时应当上锁。在课程期间，学生负责保管的仪器发生丢失和损坏均由学生本人承担责任。

13. 在化学实验室的任何教师、助教和安全督导都可以要求学生中止有明显安全隐患的实验操作。

14. 为减少暴露在化学品蒸汽中，某些实验操作应当在通风柜中完成，某些化学反应可以要求额外的防护（由指导教师确认）。

15. 如果实验过程中受到割伤或化学药品灼伤，不论伤情大小，请立即报告指导教师或助教。

16. 皮肤或眼睛被化学药品灼伤时应用大量的水冲洗半小时以上。使用洗眼器时眼睛必须是睁开的。经过处理仍有不适时，应到医院就医。

17. 出现较大量化学品遗洒（撒）、玻璃仪器破损和起火都必须报告指导教师。

18. 如果大量化学品洒到身上，应及时脱去粘有化学品的衣物（情况紧急，不应考虑害羞），并使用紧急喷淋器。

19. 实验仪器设备必须有专人管理，使用实验仪器设备必须征得实验室设备管理员同意。重要实验室或有贵重仪器设备的实验室，应派专人值守，并在使用后及时如实填写《仪器使用情况登记表》，登记使用人和具体使用机时。使用精密仪器时，必须严格按照操作规程进行操作，细心谨慎，避免粗枝大叶而损坏仪器。如发现仪器有故障，应立即停止使用，报告教师，及时排除故障。

20. 实验室内禁止吸烟、饮食。实验结束时应洗净双手后再离开实验室。

21. 若发现严重安全隐患，实验中心有权要求实验室限期或停工整顿。安全员应配合实验室中心开展安全管理工作。

附录二　实验室危险化学品管理制度

第一条　为加强危险化学品的安全监督管理，保障实验中心内教职工和学生生命、财产安全，保证本科教学、科研顺利进行，保护环境。根据国务院《危险化学品安全管理条例》和《四川省危险化学品生产安全监督管理办法》，特制定本办法。

第二条　本办法所称危险化学品，是指《化学品分类和危险性公示　通则》（GB 13690—2009）中所列的爆炸品、压缩气体和液化气体、易燃液体、易燃固体、自燃物品和遇湿易燃物品、氧化剂和有机过氧化物、有毒品、放射性物品和腐蚀品等八大类物品。

第三条　凡采购、储存、生产、使用、运输和销毁危险化学品的团队和个人必须遵守本办法。

第四条　本办法适用于化学实验中心实验室内涉及危险化学品的教学、实验、科研和生产等的活动，及对危险化学品的安全监督管理。

第五条　危险化学品的使用管理

1. 对于剧毒品，严格“五双”制度，在各个环节落实“双人保管、双人领取、双人使用、双把锁、双本帐”为核心的安全管理制度，坚持“用多少、领多少”的原则，做好领用记录，做到账物相符。库房和实验室均适用。

2. 对于易制毒易制爆药品，要严格落实“三双”制度（双人保管、双锁、双人使用）为核心的安全管理制度和各项安全措施。

第六条　实验室危险化学药品申领和购买

严禁任何个人购买危险化学药品。危险化学药品购买必须以学校为单位向当地派出所提出申请，由县级以上（含县级）公安部门审批，采取用多少、买多少的限制措施。购买易制毒化学品，应当在购买前将所需购买的品种、数量，向所在地的县级以上（含县级）公安机关备案。

第七条　实验室危险化学药品验收

危险化学药品入库时，药品管理员按清单对药品进行检查、验收、登记，严格核对和检验药品的名称、货源、规格、技术说明书、安全标签、产品合格证，质量、数量、包装、有无泄漏等情况，经检验合格方可入库。按要求计入总账、分类账和明细账，做到账账相符、帐物相符。

第八条　实验室危险化学药品保管

1. 教学及科研实验室要进一步完善危险化学药品的存放条件，配备危险化学药品小剂量存储柜，实验室设置安全员专人管理，定期排风并实行双人双锁制度。

2. 危险化学药品分类及存放，按照药品的不同种类，实行分类存放。易燃品要与易爆品、氧化剂远离，毒害品要与酸性腐蚀品远离，酸性腐蚀品要与碱性腐蚀品远离。在危险化学药品柜中，从上至下的次序为易燃品、碱性腐蚀品、毒害品、氧化剂、酸性腐蚀品。危险化学药品的存放处要远离火源，设置明显标志，采取防盗、通风、防晒、调温、防火、灭火、防爆、防潮、防雷、防静电、防腐、防渗漏等措施，配备灭火器、窗帘、温度计、湿度计和通风等设备。

3. 定期组织对危险化学药品及易制毒化学品存放进行检查，并做好检查记录。炎夏、寒冬等特殊季节要加大检查密度，以防燃烧、爆炸、挥发、泄漏等事故发生。检查内容包括：账物是否相符；有无混放情况；包装是否破损，封口是否严密；稳定剂的量是否符合要求；标签是否脱落，试剂是否变质；存放处的温度、湿度、通风、遮光、灭火设备情况，发现问题立即解决。

第九条　危险化学药品领用

实验室危险化学药品领用，必须填写“危险化学药品领用单”，实验室负责人签字、中心药品管理员以及中心主任签字盖章后，方能按需按量领取，并严格做好使用和回收登记，且每次同类药品只能领取 1 瓶。取用或者新增要严格填写易制毒易制爆药品用途用量登记手册。做好使用记录，剩余药品按规定退回。学校危险化学药品及易制毒化学品一律不外借，严防学校危险化学药品流入社会，造成危害。

第十条　实验室危险化学药品及易制毒化学品销毁。

对失效、过期及停止使用的实验室危险化学药品的处理由学校统一安排。

第十一条　实验室危险化学药品及易制毒化学品安全保卫。

要加强对实验室危险化学药品的安全保卫工作。采取有效措施，严格管理，防范危险化学药品流出学校。安装监控和入侵报警设施，一旦发现危险化学药品及易制毒化学品有丢失、被盗、误用现象，必须立即向当地公安部门报告，协助公安部门追查，并按有关规定严格整改，追究有关人员责任。

附录三　教育部办公厅关于进一步加强高等学校实验室危险化学品安全管理工作的通知

教技厅〔2013〕1号

各省、自治区、直辖市教育厅（教委），有关部门（单位）教育司（局），部属各高等学校：

高等学校实验室危险化学品安全管理工作直接关系到广大师生的身体健康和生命安全。最近，复旦大学校园投毒事件和南京理工大学实验室爆炸事件再次敲响了警钟。为认真贯彻《危险化学品安全管理条例》（国务院令第591号）和《高等学校实验室工作规程》（国家教委令第20号）有关规定，坚决防止此类事故的发生，现将有关要求重申如下：

一、高度重视实验室危险化学品管理工作。各地、各部门和各校应及时了解和掌握所属学校和本校实验室危险化学品的种类和使用、管理等具体情况，严格按照国家相关规定，进一步加大监管力度，切实落实各项管理要求，对涉及实验室危险化学品管理的重点部位和薄弱环节进行重点排查，堵塞漏洞，排除隐患，确保安全，并要有针对性地建立事故应急预案。

二、进一步严格管理实验室危险化学品。健全实验室危险化学品管理制度，制定并完善实验室危险化学品保管、使用、处置等各个环节的规章制度。严格分库、分类存放，严禁混放、混装，做到规范操作、相互监督。要建立购置管理的规范，对使用情况和存量情况进行检查监督，使各类危险化学品在整个使用周期中处于受控状态，建立从请购、领用、使用、回收、销毁的全过程的记录和控制制度，确保物品台账与使用登记账、库存物资之间的账账相符、账实相符。

三、进一步明确实验室危险化学品的安全管理责任。危险化学品管理必须做到“四无一保”，即无被盗、无事故、无丢失、无违章、保安全。对于危险化学品中的毒害品，要参照对剧毒化学品的管理要求，落实“五双”即“双人保管、双人领取、双人使用、双把锁、双本帐”的管理制度。将实验室危险化学品安全管理纳入工作业绩考核，确保实验室安全责任层层落实到位。

四、进一步加大对废弃实验室处理的审批、监管力度。对于搬迁或废弃的实验室，要彻底清查废弃实验室存在的易燃易爆等危险品，严格按照国家相关要求及时处理，消除各种安全隐患。在确认实验室不存在危险品之后，各地、各部门和各校按照相关实验室废弃程序，选择具有资质的施工单位对废弃实验室进行拆迁施工。

五、进一步做好宣传教育工作。组织开展对师生的安全教育与培训，增强学生的安全意识和自我防范能力，确保相关人员全面掌握实验技术规范、操作规程和安全防护知识。

教育部办公厅

2013年5月10日

附录四　化学实验室药品管理制度

为保证化学教学实验中心安全有序开展教学和科学研究，保障学校师生生命财产安全，根据国家有关法律法规，结合中心实际，特制定药品安全管理制度。

一、化学药品存储柜要阴凉、通风、干燥，有防火、防盗设施。禁止吸烟和使用明火，远离火源（如电炉通电）和高温设备。

二、化学药品要由可靠且化学专业知识过硬的人员专管，各药品柜必须张贴药品清单，常态化更新。

三、化学药品按性质分类存放，并采用科学的保管方法。如受光易变质的应装在避光容器内；易挥发、溶解的，要密封；长期不用的，应蜡封；装碱的玻璃瓶不能用玻璃塞等。

四、所有化学试剂（包括标样、溶液、固定试剂）的试剂瓶上都应贴有醒目的标签，标签上应注明：试剂名称、配制时间或购置时间、保存期限、存储人、试剂体积。

五、禁止在贴有标签容器内盛装与标签不符的物品。

六、禁止使用实验室器皿盛装食物；切勿用茶具、食具盛装药品；切勿用烧杯充当茶具使用。

七、高浓度浓酸碱药品使用，必须在硬质耐热烧杯、锥形瓶中进行。

八、易挥发液体试剂使用，先将试剂瓶放在自来水中冷却几分钟，并在通风橱内进行操作。

九、易燃溶剂加热时，必须在水浴或沙浴中进行，避免明火。

十、配制试剂或在实验室中会产生有毒和腐蚀性气体的操作过程应在通风橱内进行。

十一、实验室中应备有急救药品、消防器材和劳保用品。

十二、危险化学品管理详见《西华大学化学教学实验中心实验室危险化学品管理制度》。

附录五　实验室三废处理制度

化学实验室大多数废气、废液、废渣都是有毒物质，其中还有些是剧毒物质和致癌物质。根据《国家环境保护总局关于加强高等学校实验室排污管理的通知》（教技〔2005〕3号）要求，特制定化学教学实验中心实验室三废处理制度。

一、少量有毒气体可通过排风设备排出室外，被空气稀释。毒气量大时必须经过吸收处理，然后才能排出。如氮、硫、磷等酸性氧化物气体，用导管通入碱液中，使其被吸收后排出。详细处置方法参考：《实验室挥发性有机物污染防治技术指南》（T/ACEF 001—2020）和《实验室废气污染控制技术规范》（DB32/T 4455—2023）

二、可燃性有机毒物可于燃烧炉中供给充分的氧气使其完全燃烧，生成二氧化碳和水。对于较纯的有机溶剂（含有少量其他试剂和被测物）应回收利用。有毒、致癌废液不能直接排入下水道，要经过处理，降低毒性后，方可稀释排出。详细处置方法参考：《化学实验室废水处理装置技术规范》（GB/T 40378—2021）

三、含有 GB 8978—1996《污水综合排放标准》中第一类污染物（包括总汞、总镉、总铬、六价铬、总砷、总铅、总镍等）的废液和含锌、铜、锰等第二类污染物的废液，应建立废液桶，集中分别处理。

四、单纯含高浓度的酸碱废液应建立统一的酸碱废液桶，进行中和处理后稀释排放。

五、含高浓度有机物的废液（主要是各种有机溶液如溶解了乙炔丙酮溶液、废丁醛、废甲醇、废酒精、废醋酸、废油等）应建立储液桶，集中储存，待学校定期清运。

六、分析检验产生的一般废渣（纸屑、碎玻璃、废塑料等）直接排往垃圾桶。

七、有毒固体废物不能直接倒入垃圾桶，需单独存放并定期转运至废弃物仓库。详细处置方法参考：实验室废弃化学品收集技术规范（GB/T 31190—2014）。

附录六　实验室低值易耗品采购规范

一、总则

加强对实验中心化学药品、低值易耗品、小型仪器设备、办公设备等物品采购的管理，进一步规范实验中心采购工作，确保采购物品质优价廉，根据实验中心实际情况，现制定本规范。

二、适用范围

本规范适用于实验中心及下属各实验室物品的采购工作。可采购的物品可以分为以下四大类：

1. 低值品：指单价一千元以下的小型仪器设备，使用时间在一年以上的仪器仪表。单价一千元以上（含）的仪器设备采购按学校相关规定执行。

2. 化学药品、玻璃仪器等低值易耗品类：指实验中心开展各类实验教学所需的化学药品、玻璃仪器、瓷质仪器、辅助器械工具（铁架台、铁圈、镊子、剪刀、胶管等）。

3. 卫生清洁用品类（含劳保用品）：如实验服、橡胶手套、抹布、扫把、拖把、水桶等。

4. 教学辅助设备耗材：指用于实验教学、仪器控制的计算机、打印机、投影仪、电子屏幕等电子硬件设备的维修配件及耗材，如硒鼓等。

三、物品购置计划

1. 物品库存清点。各专业实验室的负责人员在每年的三、九月初对每学期实验室药品、低值易耗品等物品的库存进行认真细致的清点，并将库存情况汇总上报实验中心。

2. 编制购置计划。各专业实验室物品的购置计划由实验中心指定的管理人员专门负责编制，该负责人根据实验室下个学期的实验教学任务、库存物品储备定额和物品实际消耗统计分析资料，编制或提出下个学期的药品、低值易耗品等物品的购置计划（申请）并上报实验中心。

3. 购置计划（申请）审核。实验中心在充分调查各实验室库存物品的基础上，结合各实验室的实验教学实际需求认真审定各实验室的物品购置计划，并报经中心主任批准后作为该实验室学期物品购置计划。该实验室下个学期的物品采购将以审核批准物品购置计划为准，不在学期物品购置计划内的药品、低值易耗品等在采购前，需要单列采购原因，报中心主任审批。

四、物品采购原则

1. 比价采购、定点采购原则。比价采购是指采购单位根据物品购置计划，请数家物品供应商提供所购物品价格后，从中加以比价之后，决定供应商进行采购事项。

定点采购是指采购单位通过招投标等方式，综合考虑产品质量、价格和售后服务等因素，择优确定一家或几家定点供应商，同定点供应商签署定点采购协议，由定点供应商根据协议在定点期限内提供有关物品。

原则上，实验中心各实验室所需物品的购买，都应由实验室提出物品购置计划（申请），并经实验中心审核、汇总后统一采购。其中单批次采购价值预算在一万元（含）以上的项目，应纳入大宗物品采购的范围，大宗物品采购应采用市场比价采购；单批次采购价值预算在一万元（不含）以下、一千元（含）以上的采购项目为小宗物品采购，小宗物品采购一般采用比价采购，如要考虑采购效率时可根据实际情况采用定点采购；单批次采购价值预算在一千元（不含）以下的采购项目为零星采购，零星采购一般采用定点采购。

2. 公开、公平、公正原则。凡采用单一来源采购方式（包括定点采购）的，应遵循公开、公平、择优的原则，按照权限由相关人员与申购单位共同确定供应商。

3. 定点供应商确定原则。根据学校相关采购要求执行。

五、物品采购程序

1. 采购申请。根据已审核批准的物品采购计划向实验中心报送采购申请，采购申请应包括相关批复文件、详细需求方案、推荐供应商（以招标、询价方式采购的项目应不少于 3 家）、其他需说明事项。

2. 采购实施。项目采购小组根据制定的采购方案开展具体采购工作。

3. 实验中心负责采购项目的具体实施。项目验收工作由物品需求实验室具体实施，所采购的物品在合同规定的时间送达实验中心后，由物品需求实验室对物品进行验收，经核对（名称、规格、数量、单价、金额、质量等）无误后，签字验收，并由物品需求实验室出具相应的详细验收报告。

4. 付款结算。收到供货单位的发票后，须查验订货单位合同，核对所记载的发票内容并在发票背面签字认可后，携验收入库单结算发票，交实验中心主任或学院分管领导审核签字后，做好登记，做到帐、卡、物一致，最后到学校计财处报账支付或结算。

六、物品验收入库管理

1. 接收入库信息：物品供应方按照合同约定的时间提供所购物品，实验中心收到供货方发出的到货信息通知相关实验室负责人，让其在指定时间准备物品验收入库。

2. 入库准备：实验室负责人根据物品入库信息，进行存储空间准备及相关表单（物品验收单）的准备等。

3. 点收和检验：实验室管理人员对物品进行点收和检验，重点对货物数量、规格、质量等进行检验，填写物品验收单。

4. 归类存放：实验室组织相关人员对检验合格后的货物进行归类存放。

5. 办理交接手续：实验室负责人和供货方代表就货物交接情况在相关单证上签字，明确双方责任。

6. 入库登记：实验室负责人对所购物品进行入库登记，建立物品明细账，包括物品的基本信息如名称、数量、规格以及入库日期等。

7. 建立物品档案：实验室负责人对入库物品建立明细表，并建立每一类、每一批货物的管理档案，确保对物品的实施跟踪管理。

附录七　实验室安全员制度

一、总则

1. 安全员是实验室安全管理的关键人员，负责日常的安全监督、教育、培训和应急处理等工作。

2. 安全员应具备必要的化学专业知识、安全知识和急救技能，能够正确处理实验室中可能出现的各种安全问题。

3. 每个实验室应至少设立 1 名安全员，安全员可以由研究生担任，任期至少一个学期。

二、职责范围

1. 安全教育和培训：定期参加实验中心组织的安全学习。定期组织本实验室人员进行安全教育和培训，确保每位实验室成员都了解并遵守实验室安全规程。

2. 安全规章制度：负责制定和更新实验室的安全操作规程和应急预案，确保所有规章制度符合国家和学校的相关法规及标准。

3. 安全检查：定期对实验室进行安全检查，包括化学药品、防火、防盗、防水、防毒等安全防范措施和个人防护装备等，检查所有器材固定存放位置，检查仪器的使用记录。

4. 事故预防与应对：负责实验室安全事故的预防措施，以及在事故发生时的应急处置和后续调查、报告工作。

5. 卫生与环境保护：确保实验室内部环境卫生和对外环境无污染排放，按照环保要求处理废弃物。

6. 记录与报告：详细记录所有的安全教育和培训活动、安全检查结果和事故处理情况，并定期向上级管理部门报告。

三、具体职责

1. 组织和实施新进实验室人员的安全培训，定期组织安全知识更新培训。

2. 监督所有实验室操作是否符合安全规程，并对不安全的行为进行纠正。

3. 确保所有实验室人员使用适当的个人防护装备，并掌握正确的使用方法。

4. 检查和维护实验室内部的安全设施，如通风系统、洗眼器、灭火器等。

5. 落实管制药品“五双”制度，即双人保管、双人领取、双人使用、双人把锁、双人本帐。

6. 在紧急情况下迅速响应，采取有效措施控制事态发展，并协助进行事后调查和分析。

7. 管理危险废物的收集、存储和处置工作，避免环境污染。

8. 准备和更新实验室安全手册及相关文档，确保其反映最新的安全信息和实践。

9. 推动创建安全文化，鼓励实验室人员提出安全改进建议，并参与安全决策过程。

四、履职要求

1. 安全员应持续提升自己的专业知识和技能，保持对最新安全法规的了解。

2. 在日常工作中以身作则，树立安全第一的榜样。

3. 及时与其他管理人员沟通合作，共同提升实验室的整体安全水平。

附录八　实验室安全检查制度

实验室是教学和科学研究的重要基地，实验室安全是一切实验室工作正常进行的基本保证。为确保实验室安全，特制定本规定，凡进入实验室工作、学习和科研人员必须予以遵守。

第一条　所有在实验室工作、学习人员，要牢固树立安全意识，坚持“安全第一，预防为主”的原则，遵守实验室安全管理规章制度，克服麻痹大意思想，掌握基本安全知识和救助知识。

第二条　建立健全实验室安全管理工作责任制，层层落实安全责任；认真开展实验室安全教育与培训工作，提高安全意识。实行谁主管，谁负责；明确每个实验室安全责任人，并在门口悬挂标牌，便于检查和紧急情况联系。

第三条　认真落实安全工作检查制度，坚持一日一查，坚持周查、月查和节假日前的安全大检查，记录检查情况，提出存在问题，并限时整改。实验室可以根据需要进行临时性检查。重点检查：用火、用电、用气是否安全措施到位，化学药品管理和使用是否到位，有无违章情况，安全通道、出口是否通畅，消防器材是否完好，安全标识是否正确，其他有何隐患，并及时做好安全隐患的整改工作。

第四条　进入实验室工作、学习人员必须遵守实验室有关规章制度，未经实验室或设备管理人员许可不得擅自动用实验室设备和设施，学生实验时要服从指导，遵守仪器设备操作规程，不得违规操作或擅离职守。实验室管理人员下班前或最后一个离开实验室的人员，离开时要认真检查门窗、水、电等情况，确保安全后方可离开实验室。

第五条　电器线路安装严格按规定标准进行，增加大功率设备时，要确保不超出实验室电负荷容量。用电设备使用时，必须严格遵守岗位值班制度。

第六条　实验室设备的设置和器材的存放必须安全、科学、规范、有序。实验结束后，实验室管理人员应做好实验场所及器具清洁整理，安全有序存放使用过的设备和器材。

第七条　加强实验室设备管理，易发生火灾的设备应符合防火防爆要求，建立定期检查和维护制度。特别是各种压力气瓶不可靠近热源，夏季防止暴晒，禁止敲击和碰撞，外表漆色标志要保持完好。要专瓶专用，严禁私自采购和改装其他气体使用。使用时要严格按照操作规程操作，并定期进行检查。

第八条　结合实验室制定安全防范工作预案，并定期组织师生进行灭火、逃生演习。

第九条　加强实验室化学药品的管理。

第十条　严格处理实验室废物。实验室要将残渣废液倒入制定废液桶内，统一处理。禁止将腐蚀物或有毒有害物质倒入水槽及排水管。

第十一条　为保证人身安全，进入实验室所有人员要爱护室内公共卫生。实验室内禁止吸烟。实验室不得用明火取暖，严禁违章搭电或超载用电。实验室内严禁放置私人物品如自行车等。未经许可，不得私自带陌生人进入实验室。

第十二条　对违章操作，忽视安全造成火灾、中毒、人身重大伤害、精密仪器和大型仪器损坏等重大事故，实验室人员要保护好现场，并向学院、保卫处等部门报告，并按照相关规定追究当事人责任。对隐瞒不报者，按规定予以从严处理。

参考文献

［1］ 赵国涛．智慧校园视域下高校实验室管理模式创新与实践研究［M］．沈阳：辽宁大学出版社，2022.

［2］ 曾凡太，刘美丽，陶翠霞．物联网之智能硬件开发与智慧城市建设［M］．北京：机械工业出版社，2020.

［3］ 日经 BP 社．黑科技：连接世界的 100 项技术［M］．北京：东方出版社，2019.

［4］ 马永仁．区块链技术原理及应用［M］．北京：中国铁道出版社，2019.

［5］ 黄家声，谭锦春．实验室设计与建设指南［M］．北京：中国水利水电出版社，2011.

［6］ 杨爱萍，蒋彩云．实验室组织与管理［M］．北京：中国轻工业出版社，2019.

［7］ 马昕，薛秋红，贾俊涛．实验室功能设计、建设和改造工作指南［M］．北京：中国标准出版社，2009.

［8］ 周西林，杨培文，李启华．化学实验室建设基础知识［M］．北京：冶金工业出版社，2018.

［9］ 孟敏．实验室安全管理教育指导［M］．咸阳：西北农林科技大学出版社，2020.

［10］ 余俊祥，高克文，孙丽娟．疾病预防控制中心暖通空调设计［M］．杭州：浙江大学出版社，2020.

［11］ 鲁登福，朱启军，龚跃法．化学实验室安全与操作规范［M］．武汉：华中科技大学出版社，2021.

［12］ 王鹤茹．化学实验室安全基础与操作规范［M］．武汉：武汉大学出版社，2022.

［13］ 钱汉英，王秀娴．塑料加工实用技术问答［M］．北京：机械工业出版社，1996.

［14］ 刘瑞霞．塑料挤出成型［M］．北京：化学工业出版社，2005.

［15］ 耿孝正，张沛．塑料混合及设备［M］．北京：中国轻工业出版社，1992.

［16］ 唐颂超．高分子材料成型加工［M］．北京：中国轻工业出版社，2012.

［17］ 黄锐，曾邦禄．塑料成型工艺学［M］．北京：中国轻工业出版社，2005.

［18］ 吴清鹤，王加龙．塑料挤出成型［M］．北京：化学工业出版社，2009.

［19］ 蔡乐，曹秋娥，罗茂斌，刘碧清．高等学校化学实验室安全基础［M］．北京：化学工业出版社，2018.

［20］ 黄郑华，李建华．消防安全知识（第二版）［M］．北京：中国劳动社会保障出版社，2013.

［21］ 中国红十字总会．救护师资培训教材［M］．北京：社会科学文献出版社，2009.